面接指導の
カリスマが教える!

自衛官 採用試験 面接試験 攻略法

シグマ・ライセンス・スクール浜松 校長
鈴木 俊士 監修

つちや書店

はじめに

自衛官とはどんな仕事？ どんな人が求められる？

自衛官の仕事は日本の平和と独立を守ること。領海や領空への侵入を防いだり、紛争地域で平和維持する活動をしたり、大規模災害が発生した際に救助活動をしたりと、多岐にわたります。そのため、厳しい訓練や強い身体を維持することが求められます。しかし、何よりも大事なのは、粘り強さです。人の命がかかっている救助活動では、どんなに厳しい状況でも自衛官は放り出すことはできません。最後まで強い意志を持って活動できる、粘り強い性格の人が必要とされるのです。

自衛官面接はどんな面接？

公務員採用試験では面接が重要視される傾向にありますが、それは自衛官の試験も同じです。筆記試験では計り得ない、「あなた」のことを見たいのです。自衛官採用試験では集団面接、集団討論はなく、個人面接のみが行われますが、基本的には「その人がどういう人なのか」を見るのが目的です。どれだけ自衛隊について知識があるか、どれだけ意気込みがあるかはもちろん、あなたの話し方や仕草もきちんと見ています。いろいろな評価項目がありますが、やはり一番大事なのは「自衛官になりたい」という意志を存分にアピールすることです。

●自衛官面接に受かる人の特徴

❶ 自衛官に対する熱意がある。その熱意が伝えられる人

❷ 身だしなみやあいさつなど、社会人としての基本ができる人

❸ 元気な受け応えができる人

自衛官に本気でなりたい人は、面接でのやりとりの中で自然とそれが面接官に伝わるものです。たとえば、志望動機も確かなものがあるでしょうし、熱意があれば自己PRのための自己分析にも大した抵抗はないでしょう。また、身だしなみを整え、あいさつなどをきちんとすることは、当然のようにできていなくてはなりません。面接では「社会人としての適性」も見られているからです。そして、面接官が話を聞いていて気持ちいいと思えるような元気さがあれば、同僚として迎えたいという気持ちも湧いてくるものなのです。

●自衛官面接に受からない人の特徴

❶ 志望動機や自己PRの内容が薄い

❷ 身だしなみや言葉づかいが雑。その場に適した対応ができない

❸ 面接官と目を合わせず、話し方が暗い

志望動機をはじめ、質問に対する回答の内容が薄い場合は、その場しのぎの回答なのだろうと、面接官はその回答に耳を傾けてくれません。あるいは、もっと内容を知ろうとして重ねて質問を繰り返してくるでしょう。そこでさらにでっち上げの回答を続けていたら、ボロが出て、呆れられてしまいます。また、身だしなみやあいさつがきちんとできていない人は、やはり、一緒に働く仲間としては不安になってしまいます。熱意のある受験生を見ている面接官としては、ボソボソとうつむきがちな受験生からはいい印象は抱けないのです。

受験生はみんなこんなことに困っている

　採用試験に臨むのが初めて、という人は少なくないでしょう。面接自体が初めてという人は、未知のことに臨む不安もあることでしょう。面接試験について事前に調べておくことは重要です。また、受験生の困っていることでよく聞くのは「いい回答の仕方がわからない、うまく回答できない」というものです。面接の場は自己アピールの場ですから、面接官にはいい印象を抱いてもらいたいものです。かといってウソをついて自分を大きく見せるのは間違いです。どこかの模範回答を丸々真似するのも間違いです。いい回答とは、あなた自身の言葉で、あなたのアピールポイントを説得力ある形で伝えられる、そんな回答なのです。

面接練習の重要性

　自衛官になれるかどうかが決まる面接。緊張したり、不安を感じたりするのは仕方がありませんが、やはり本番では自信を持って発言をしていきたいもの。緊張や不安を取り除くためには練習が重要です。何度も練習することで、自分に自信が持てるようになれば自然と話し方や態度にも出てきます。それが面接官の好印象へとつながるのです。友人同士での面接練習はもちろんのこと、自分一人でいるときにもシミュレーションしてみてください。

面接官の立場になって考えよう

面接官がどんなことを受験生に求めているのか、一度面接官の立場になって考えてみるとイメージしやすいです。自分の仕事に知識も興味もなく、態度が悪く元気もない。そういった人をあなたは採用したいと思うでしょうか。また、明らかなつくり話と思って、その真偽を確かめるために、何度も質問を繰り返し、次第に話に矛盾がたくさん見つかってしまったら、あなたはどう感じるのでしょうか。

面接官の立場になって考えてみると、自然とどういう人が採用されるのか見えてきます。話に説得力があり、そして何より「自衛官になりたい!」という熱意が伝わってきたのなら、面接官はその人に惹かれます。最初から何か特別な資格や技量が求められているわけではありません。自衛官に必要な専門知識や体力は、自衛隊入隊後に身につけていけばいいのです。それよりも、面接官はあなたの熱意や可能性を見たいのであり、それを見ることができるのが、面接の場なのです。

筆記試験と違って面接試験の質疑応答では一見、答えがないように思われます。一つの確固たる正解があるわけではないので、確かにそうなのかもしれません。それでも答えはあなた自身の中にあります。本書はその答えを面接で表現できるような、自分の回答をつくる方法も紹介しています。ぜひ本書を活用し、合格を勝ち取ってください。そして自衛官となり、人のため、国のために活躍して、あなたが今、理想としている自衛官になってください。あなたの目標達成の、その一助となれば幸いです。

本書の使い方

STEP 1 面接突破に欠かせない心構えと練習法を知る

面接に対する素朴な疑問をクリアにします。

➡ Prologue 自衛官面接のギモン

STEP 2 面接準備に必要なことを知る

面接日当日までにどのような準備が必要かがわかります。

➡ Chapter 1 面接当日までにすること

STEP 3 面接の基礎力を身につける

自衛官面接の形式や面接マナーなどの基本情報をまとめています。

➡ Chapter 2 自衛官面接の基礎知識

STEP 4 自分だけの回答をつくる

自分自身の言葉でつくる、自分だけの回答のつくり方を紹介します。

➡ Chapter 3 自分の答えをつくる方法

STEP 5 面接質問に対して、ベストな回答をつくろう

面接質問に対する回答例と回答のポイントについて解説します。

➡ Chapter 4~6 自分の言葉でつくるベスト回答

STEP 6 合格に近づく面接カードをつくる

面接カードを記入するときの実践テクニックと、記入後のポイントを紹介します。

➡ Chapter 7 魅力的な面接カードの書き方

STEP 7 過去質問を面接練習に役立てる

➡ Chapter 8 よく出る過去質問集

■ 本書は、自衛官採用試験の面接対策を紹介し、面接に関する基礎知識はもちろん、自分の回答のつくり方と面接でよく聞かれる質問、面接カードの書き方など、実践的な内容を盛り込んでいます。
■ どのページからでも読み進めることができますが、下の流れに沿って読み進めると面接突破に必要な知識や考え方が体系的に身につきます。

回答例ページの見方（Chapter4~6）

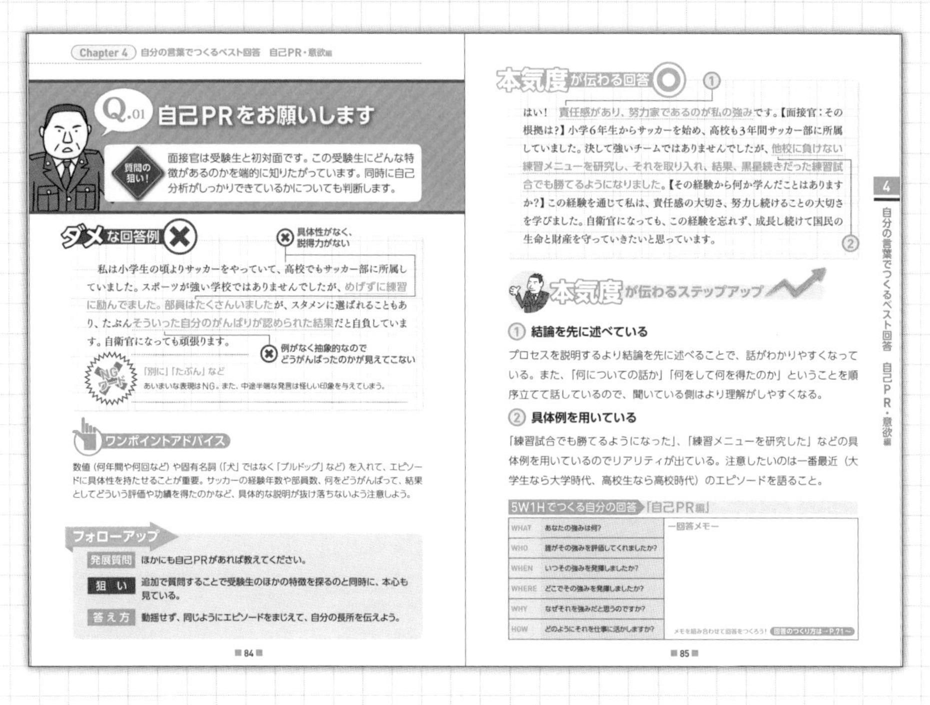
Chapter 4 自分の言葉でつくるベスト回答 自己PR・意欲編

Q.01 自己PRをお願いします

質問の狙い！
面接官は受験生と初対面です。この受験生にどんな特徴があるのかを端的に知りたがっています。同時に自己分析がしっかりできているかについても判断します。

ダメな回答例

私は小学生の頃よりサッカーをやっていて、高校でもサッカー部に所属していました。スポーツが強い学校ではありませんでしたが、めげずに練習に励んでました。部員はたくさんいましたが、スタメンに選ばれることもあり、たぶんそういった自分のがんばりが認められた結果だと自負しています。自衛官になっても頑張ります。

具体性がなく、説得力がない

例がなく抽象的なので どうがんばったのかが見えてこない

NGワード
「別に」「たぶん」など
あいまいな表現はNG。また、中途半端な発言は怪しい印象を与えてしまう。

ワンポイントアドバイス

数値（何年間や何回など）や固有名詞（「犬」ではなく「ブルドッグ」など）を入れて、エピソードに具体性を持たせることが重要。サッカーの経験年数や部員数、何をどうがんばって、結果としてどういう評価や功績を得たのかなど、具体的な説明が抜け落ちないよう注意しよう。

フォローアップ

発展質問 ほかにも自己PRがあれば教えてください。
狙い 追加で質問することで受験生のほかの特徴を探るのと同時に、本心も見ている。
答え方 動揺せず、同じようにエピソードをまじえて、自分の長所を伝えよう。

■84■

本気度が伝わる回答

はい！ 責任感があり、努力家であるのが私の強みです。①【面接官：その根拠は?】小学6年生からサッカーを始め、高校も3年間サッカー部に所属していました。決して強いチームではありませんでしたが、他校に負けない練習メニューを研究し、それを取り入れ、結果、黒星続きだった練習試合でも勝てるようになりました。②【その経験から何か学んだことはありますか?】この経験を通じて私は、責任感の大切さ、努力し続けることの大切さを学びました。自衛官になっても、この経験を忘れず、成長し続けて国民の生命と財産を守っていきたいと思っています。

本気度が伝わるステップアップ

① 結論を先に述べている
プロセスを説明するより結論を先に述べることで、話がわかりやすくなっている。また、「何についての話か」「何をして何を得たのか」ということを順序立てて話しているので、聞いている側はより理解がしやすくなる。

② 具体例を用いている
「練習試合でも勝てるようになった」、「練習メニューを研究した」などの具体例を用いているのでリアリティが出ている。注意したいのは一番最近（大学生なら大学時代、高校生なら高校時代）のエピソードを語ること。

5W1Hでつくる自分の回答「自己PR編」

		ー回答メモー
WHAT	あなたの強みは何?	
WHO	誰がその強みを評価してくれましたか?	
WHEN	いつその強みを発揮しましたか?	
WHERE	どこでその強みを発揮しましたか?	
WHY	なぜそれを強みだと思うのですか?	
HOW	どのようにそれを仕事に活かしますか?	メモを組み合わせて回答をつくろう！ 回答のつくり方は→P.71～

■85■

4 自分の言葉でつくるベスト回答 自己PR・意欲編

1「面接官からの質問」

面接官から投げかけられる質問。よく聞かれるものを厳選している。

2「ダメな回答例」

ありがちな回答失敗例。

3「ワンポイントアドバイス」

「ダメな回答例」から「本気度が伝わる回答」にするための秘訣を解説している。

4「本気度が伝わる回答」

合格レベルの回答例。ダメな回答を手直ししたものになっている。

5「本気度が伝わるステップアップ」

「本気度が伝わる回答」の優れている点を解説。

6「5W1H」でつくる自分の回答

「面接官からの質問」に対して、あなたの5W1Hのメモを書く欄になります。P.71～を参照して回答をつくってみましょう。

CONTENTS

Prologue 自衛官面接のギモン

Chapter 1 面接当日までにすること

Chapter 2 自衛官面接の基礎知識

Chapter 3 自分の答えをつくる方法

Chapter 4 自分の言葉でつくるベスト回答 自己PR・意欲編

Chapter 5 自分の言葉でつくるベスト回答 志望動機編

Chapter 6 自分の言葉でつくるベスト回答 時事・性格質問編

Chapter 7 魅力的な面接カードの書き方

Chapter 8 自己分析質問集・よく出る過去質問集

Prologue

自衛官面接のギモン

自衛官試験のなかで、一番不安を感じるのが「面接」ではないでしょうか？その面接対策を学ぶ前に、そもそも何のために面接を行うのか、何を見られているのかなど、面接の意味を知っておきましょう。面接を行う意味がわかれば、不安も減るはずです。

面接はその人を見る絶好の機会

一般企業をはじめ、公務員（自衛隊）試験でも面接を重視する傾向にあります。どんな仕事でも一人ではできません。仲間とともに新たな提案をし、力を合わせて問題解決にあたれる人材を求めているためです。面接官のチェックポイントの柱は２本。「応募者の人となり」と、「組織にとって有益な人材かどうか」です。まず、あいさつやきちんとした敬語が使えるか。相手の目をしっかり見て、自分の言葉で語れるかといったコミュニケーション能力が面接では試されます。ただし、立派な自分を装う必要はありません。ありのままの自分が出せたとき、採用に至るものです。不採用だと「自分の存在を否定された」と思いがちですが、人が行う面接に「相性」はつきもの。すぐに切り替え、次にチャレンジできるかが成功へのカギです。

面接突破の秘訣　等身大の自分を見せる！

- **わからないことは素直に「わかりません」ウソは見破られる！**

面接では自分をよく見せたいがため、わからない質問にウソをついてまで答えてしまうことがある。中には意図的に答えられない質問をするケースもある。しかし、ウソをついても、ベテラン面接官はお見通し。大切なのは「わかりません」と正直に言えるかどうかにある。求められているのは知識量ではなく、「謙虚な人間性であるかどうか」ということを覚えておこう。

「勉強不足でわかりません」「申し訳ございません」「この後すぐに調べて覚えます」と答えよう！

Q.2 面接におけるタブーは?

常識ある行動を

面接時のタブーとは、「社会人としてのタブー」と言い替えられます。遅刻や無断欠勤はレッドカード。しかし、やむを得ず遅刻しそうな場合の対処法を準備しておくことも必要です。**あらかじめ採用担当者の連絡先を調べ**、すぐに電話し、きちんと謝罪して指示を仰ぐことが社会人としてのマナーです。また、面接の待ち時間には携帯電話の電源をオフにし、隣の人と無駄口をたたかない、喫煙所以外でタバコを吸ったり、化粧室以外で化粧を直したりするのも絶対に止めましょう。面接会場の５００メートル手前あたりから、すでに選考が始まっているという気構えが必要です。待ち時間に他社の資料を開いたり、応募書類へ記入したりするのもダメ。面接官がじっと観察しているのは、まずは社会人としての常識やマナーです。

面接突破の秘訣　丁寧な言葉づかいに慣れておく!

● 面接の練習を繰り返す 一人でも練習はできる

いつでもどこでも一人でも「面接のロールプレイング」はできる。面接に少しでも慣れるため、自分で面接官を演じて質問し、自分で答える練習だ。自宅なら鏡の前で自分の表情を確認しつつ、本番を想定して実際に声を出して行う。特にうまく話せないときは不安な表情が出ていないかチェックしておきたい。また、外出先なら頭の中だけで繰り返し練習しよう。

Q.3 模範回答を覚えればいいのでは？

模範回答の丸暗記は絶対にNG！気づかれたら即不採用

いちいち自分なりの答えを用意するのは大変だし、たいした答え方もできない。だったら模範回答を覚えて、そのまま答えたほうがいいのでは？　というのは、よくある疑問。しかし、**この考え方は危険**です。何度も面接を行っている面接官なら、それがその人オリジナルの答えなのか、模範回答をそのまま覚えてきて話しているのかを見破るのは簡単です。そしてそれがわかったら、**発言の途中でも止められて、自分の言葉で話すように注意されるか、そこで不合格と決まってしまいます。**面接官は受験生の人となりを知って、一緒に働きたい人物かどうかを見極めたいわけですから、その場で質問をきちんと受け止めて、それに対して**自分の言葉で答えていくことが大切。**自分の言葉で答えられるよう、十分な準備をしておきましょう。

面接突破の秘訣　自分の言葉で自分の回答をつくろう

●難しくないオリジナル回答のつくり方

本書でも、よくある質問と「伝わる回答例」を紹介している（Chapter4～6）が、それはあくまでも参考にしてもらうためのもの。大事なのは、準備段階で自分ならではの回答を用意しておくことだ。Chapter3（P.71～79）を参考に、ブレインストーミング、5W1H、文章要約練習、模擬面接練習と4つのステップで、面接官の心に響く「伝わる回答」を用意しよう。やる気さえあれば、難しくはない。

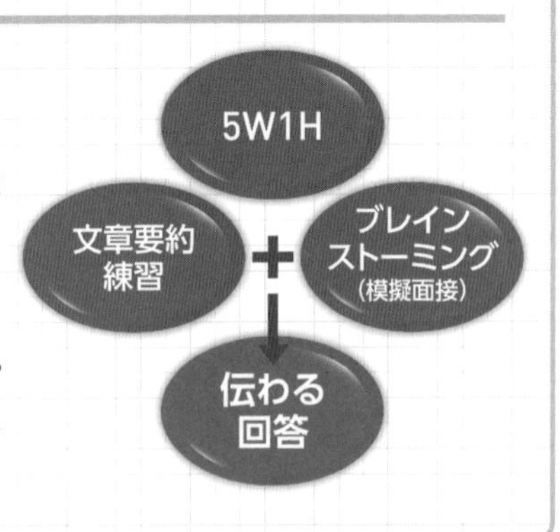

Q.4 一般企業の面接と何が違うの？

基本は同じなので練習で企業面接を受けるのもアリ

誰かと一緒に行う模擬練習も有効ですが、**もっとも面接力アップにつながるのは実戦**です。たとえ本命でなくても、企業の面接官は多くの学生を見てきた歴戦の担当者。質問の内容にも重なるものは少なくありません。実戦を繰り返すことで、**本命の面接で頭が真っ白になることを避けられ、いろいろなタイプの面接官にも対応できるようになります。**さらに「圧迫面接」（P.66参照）にも慣れてしまえばこっちのものです。また、企業の面接を受けるうちに、改めて「なぜ自分は自衛官志望なのか」を突き詰めることにつながります。面接を受けてその企業に魅力を感じたのなら、進路変更もおおいに結構。企業面接を通じて自衛官への熱意が高まれば、それこそ「最高の武器」になります。

面接突破の秘訣　悩んだらすぐ相談

● 就職相談をしてくれる窓口に行く

就職活動は孤独な戦い。悩み、活動そのものをやめたくなることすらある。大事なのは決して一人で抱え込まないこと。友人や家族、先生などに相談することを忘れずに。身近な人に相談しづらい場合は、学校の就職担当者やハローワークなど公の場も積極的に活用しよう。立ちすくんでしまう前に、まず行動に移すことが孤独な戦いを勝ち残る秘訣となる。

❶ 地方協力本部

入隊志願者の募集、応対が業務の一つでもある。まずはここに相談してほしい。

❷ 学校の就職課など

在校生はもちろん、既卒者を喜んで受け入れる学校もある。母校を有効利用しない手はない。

❸ ハローワーク

就職活動をサポートする機関なので活用しよう。窓口は対象者別に設けられている。

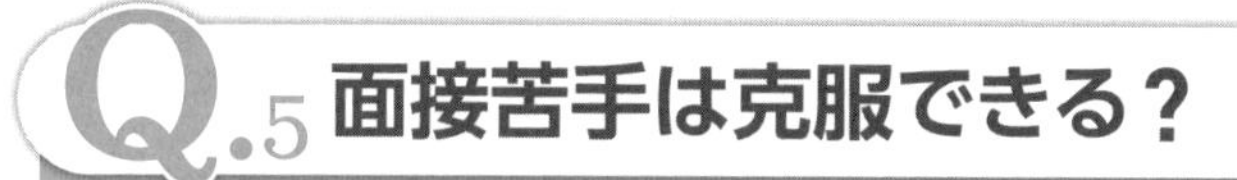

Q.5 面接苦手は克服できる？

克服するには練習と場数

本命の面接で「緊張しない」という人は、いないはずです。緊張で伝えたいことの「半分も言えなかった」では困ります。緊張しても伝えきるには、一にも二にも練習です。模擬面接を積極的に受け、友人や知人に頼んで面接を練習し、「面接ロールプレイング」も繰り返します。

次に大事なのは、しっかりと対策を練ることです。練習などでうまく答えられなかった質問については、しっかりと復習し、次回には必ずきちんと答えられるようにしましょう。合格への道は予習＋復習＋練習です。「苦手な質問」と自分でわかった時点で、すでに成長につながっています。インターネットで調べたり、他者に意見を聞いたりして自分なりの考えを練り直し、しっかり準備することで必ず「面接の達人」になれます。

面接突破の秘訣　どんな質問がくるか事前に調査する

● 備えあれば憂いなし！

質問をリスト化し、面接練習に役立てる

質問内容は最低でも10個程度は想定しておきたい。その3本柱は、「志望動機」「力を注いできたこと」「自己PR」。そうした基本を押さえたうえで、「逆に短所は?」「短所の克服のために何をした?」といった派生的な質問も想定し、リスト化しておこう。さらには、自分がつまずきそうな、苦手な質問も想定し、柔軟に答えられるようにしておけば、安心して面接に臨める。

Q.6 筆記と体力がより大事では？

面接重視の一般曹候補生試験

一般曹候補生の試験では、主に口述試験（面接）、身体検査、適性試験、筆記試験があります。もちろん第一次試験の適性試験や筆記試験は重要ですが、第二次試験は身体検査と面接のみです。したがって、ここでの印象が重要になってきます。**面接は「人間性」を見るための場**です。話し方、話の内容、聞き方、表情、態度、服装など、受験者から発信されるすべての情報が、面接官にチェックされます。

自衛官という職業には、「責任感」の強さをはじめ、組織で行動するうえでの「協調性」が不可欠です。さらに国民のため、命がけで危険な任務にも取り組める「使命感」なども必要です。もちろん優れた知識と健康な体も必要ですが、面接でしかわからない「人間力」を求められるのが自衛官なのです。

面接突破の秘訣　面接の基本は「話を聞く」

●しゃべり過ぎ、しゃべらな過ぎに注意

面接官の話の趣旨がわかるや否や、すぐに話し始める人がいるが、面接官は「話を聞く態度」もチェックしていると考えておこう。面接官の目を見て聞き、質問は最後まで聞く。質問中に感情を顔に出さないことも大切。ひと呼吸置いて話し始めるくらいでよい。面接官の言葉に耳を傾け、きちんと相槌を打ちながら、慌てて話の腰を折らないように注意しよう。

Column 1

合格者インタビュー①

● 合格できた大きな理由は何だと思いますか？

体力に自信はないが、努力している姿勢を見せた

質問に関して困ることはありませんでしたが、私は部活動などでの運動の経験がなく、見た目もひん弱に見えることからか、「体力は大丈夫か?」と三回も聞かれました。武道やスポーツの経験がなくても、厳しい訓練にもついていく意欲や気力があることを伝え、自衛官を志望するようになってから、ランニングや筋力トレーニングなども少しずつ始めていることをアピールしました。(女性)

自衛隊に関する情報を覚えて本気度を伝えた

国際緊急援助活動など、海外での活動につきたいと思っていたため、防衛白書や防衛省のWebサイトを調べて、どのような考え方で自衛隊が海外に派遣されているのか、最近ではどんな事例があるのかなどを調べて面接に臨みました。国際平和協力活動に興味があると言ったところ、面接官からPKOの意味などについて質問されました。そこでインプットしておいた情報と意欲を伝えたところ、感心されました。

面接カードを丁寧に書き込んだ

1次試験に合格したあとに郵送で面接カードが届き、志望動機などは説得力が出るように丁寧に書き込み、面接の練習をして面接に臨みました。噂どおり、ほぼ面接カードに記入した内容に沿った質問がされ、変な突っ込みなどもなかったので落ち着いて答えることができました。面接カードが当日渡されることもあるようですが、質問事項はほぼ決まっているので、模擬練習をしておけば大丈夫ですよ。

Chapter 1 面接当日までにすること

「面接試験」と聞いて、どんな準備が必要かイメージできますか？　本気で合格を目指しているなら、面接の当日までに用意しておくべきことが数多くあります。Chapter 1では、面接試験の流れを解説して、当日までにすべき準備の内容を具体的に紹介します。

面接突破の流れ

■ 事前の準備が面接突破の第一歩。まずは、どんな準備が必要なのかを知ろう
■ 必要な準備を確認したら、次は行動。本番を想定して、練習してみよう

STEP 1

自衛官について知る

面接を攻略するためのファーストステップは、自衛官の仕事内容や組織の仕組み、やりがいを調べておくことです。自衛官になってやりたい仕事や10年後の未来像など、より具体的なイメージをつくり上げておくと、面接官からの質問に答えやすくなります。試験や面接に対する自分のモチベーションも上がるので、一石二鳥です。

準備アクション

□ 自衛隊組織の仕組みを知る（→P.24）/ □ 自衛官の仕事内容を知る（→P.30）
□ 官庁訪問・採用説明会に参加する（→P.36）

面接までの流れ

準備開始

面接試験に関する情報を調べる

自衛隊について知る

STEP 2

面接試験に関する情報を調べる

自衛官の面接の形式は、ほぼ決まっています。個人面接が中心で、集団面接や集団討論などは行われません。面接を受ける前には、面接カードに記入して提出しますが、この存在は軽視できません。当日になって慌てないように、入念に下調べをしておきましょう。

準備アクション

□ 面接までのスケジュールを把握する
□ 自衛官の面接形式を確認する（→P.52）

STEP3

自分の回答を用意する

面接で質問される項目は、ある程度決まっているものです。したがって、事前に面接でどのような質問をされるのかを調べ、自分が答えにくい質問への対策を練っておくことが大切です。面接カードをもとに進められることも多いので、きちんと回答を考えておきましょう。

準備アクション

□ ベストな回答のつくり方を知る（→Chapter3）
□ 想定される質問とそれに対する回答を考える（→Chapter4、5、6）

情報収集＆トレーニング

面接当日

自分の回答を用意する

STEP4

面接本番に向けて、トレーニングする

体力試験に備えて体を鍛えておくのと同じように、面接も本番で存分に力を発揮するためには練習が必要です。また、面接では、時事問題について聞かれることも多くあります。日頃から新聞を読んだり、ニュースを見たりするなどして、情報収集しておきましょう。

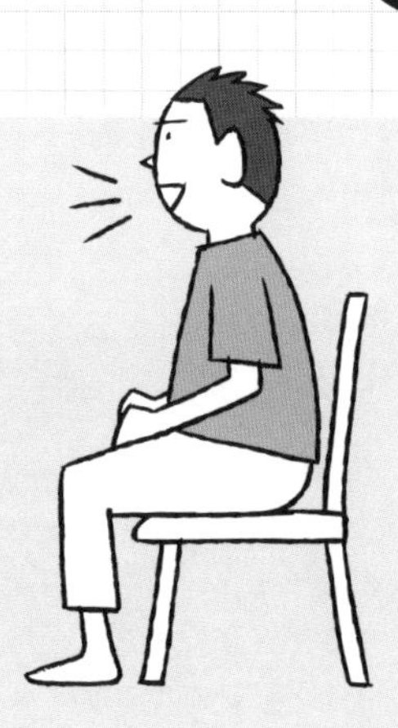

準備アクション

□ 時事問題をチェックしておく（→P.38）
□ 平均的な体力づくりをする（→P.42）

自衛隊の組織図をチェックする

■ 説得力のある回答をするためにも自衛隊の組織図をチェックしておく
■ 組織図をチェックして、希望する組織や勤務地について調べておこう

自衛隊の組織を知ることが面接攻略の第一歩

面接を攻略するうえでも自衛隊がどのような組織なのか、その全体像を知っておくことは重要です。思い込みだけで自衛官のイメージを固めてしまうとズレた回答が多くなり、面接官に志望意欲が低いと思われてしまうからです。ここでは自衛官の仕事を理解する第一歩として、自衛隊の各組織に目を向けてみましょう。

陸・海・空の三自衛隊の最高指揮官は、内閣総理大臣であり、その指揮のもとで自衛隊全体を統督するのが防衛大臣です。防衛大臣を通じて統合幕僚長が大臣命令を執行し、陸・海・空の三自衛隊が活動しています。陸上自衛隊の国内の駐屯地は約160カ所、海上自衛隊の基地は約31カ所、航空自衛隊の基地は約73カ所に及び、採用後の勤務地がどこになるのかは予測できません。

「自衛隊」と「防衛省」の関係

「防衛省」は、日本の行政組織の一つで、日本の平和と独立を守り、国の安全を保つことを目的とした組織です。いわゆる「文官」と呼ばれる防衛事務次官、防衛書記官、防衛部員などが内部部局などに勤めており、陸上自衛隊、海上自衛隊、航空自衛隊を管理・運営することが主な仕事です。一般的に「自衛隊」という場合、防衛省の特別の機関としての陸・海・空自衛隊の各部隊を指します。

自衛隊の組織概略図

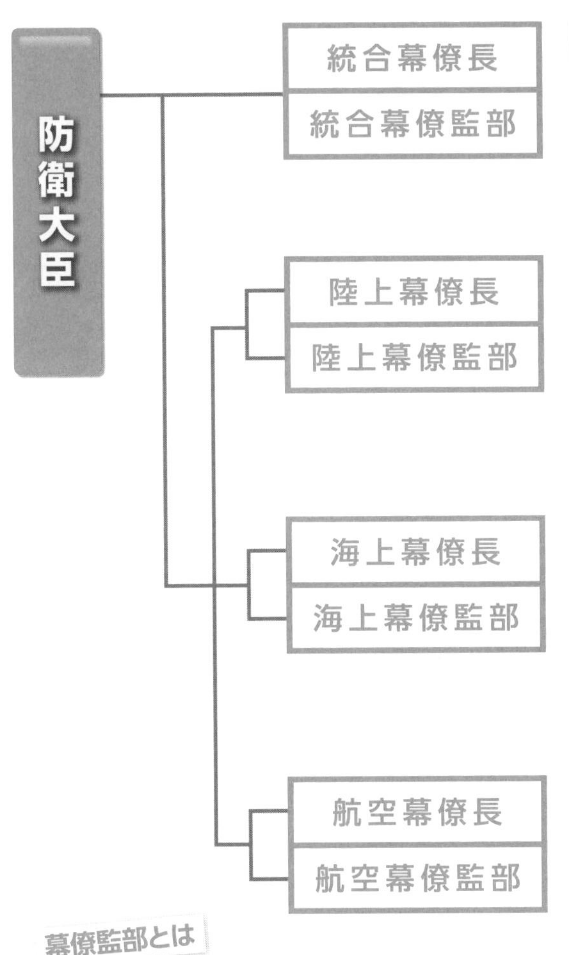

統合幕僚監部

「統合幕僚監部」とは、陸・海・空の三自衛隊を一体的に部隊運用するための機関。各自衛隊の運用に関する防衛大臣の指揮・命令は、統合幕僚監部を通じて行われる。

陸上自衛隊

国民と領土を守るため、陸上での防衛を行う組織。地震や台風などの大規模災害が発生した際の救助活動、海外の紛争地域での国際平和協力活動、不発弾の処理、外国からの国賓警護なども行う。隊員数は約13万8千人。

海上自衛隊

海上からの侵略を防ぐため、広大な海域を監視し、海上での防衛を行う組織。海上保安庁と連携し、不審船を確保することも。また、海外において商船を海賊から護衛する任務を担当することも。隊員数は約4万3千人。

航空自衛隊

日本周辺の領空を警戒・監視し、不法に侵入しようとする航空機に対して警告を与え、空での防衛を行う組織。巡航ミサイルなどの監視も行なっているほか、災害派遣や国連PKOでの海外派遣なども行う。隊員数は約4万3千人。

幕僚監部とは

各「幕僚監部」は、防衛大臣を自衛官（武官）として軍事専門的に補佐する機関。一方、文官として政策的に防衛大臣を補佐する機関は、「内局」（大臣官房と各局からなる内部部局）と呼ばれる

隊員数は『防衛白書（令和元年）』参考

自衛官の職種や任地は、本人の希望をふまえたうえで、一人ひとりの能力や適性に応じて決定されます。一般曹候補生や自衛官候補生として採用された場合、最初の3、4カ月の基礎的な訓練の後に職種・職域が決められます。

日本の防衛組織

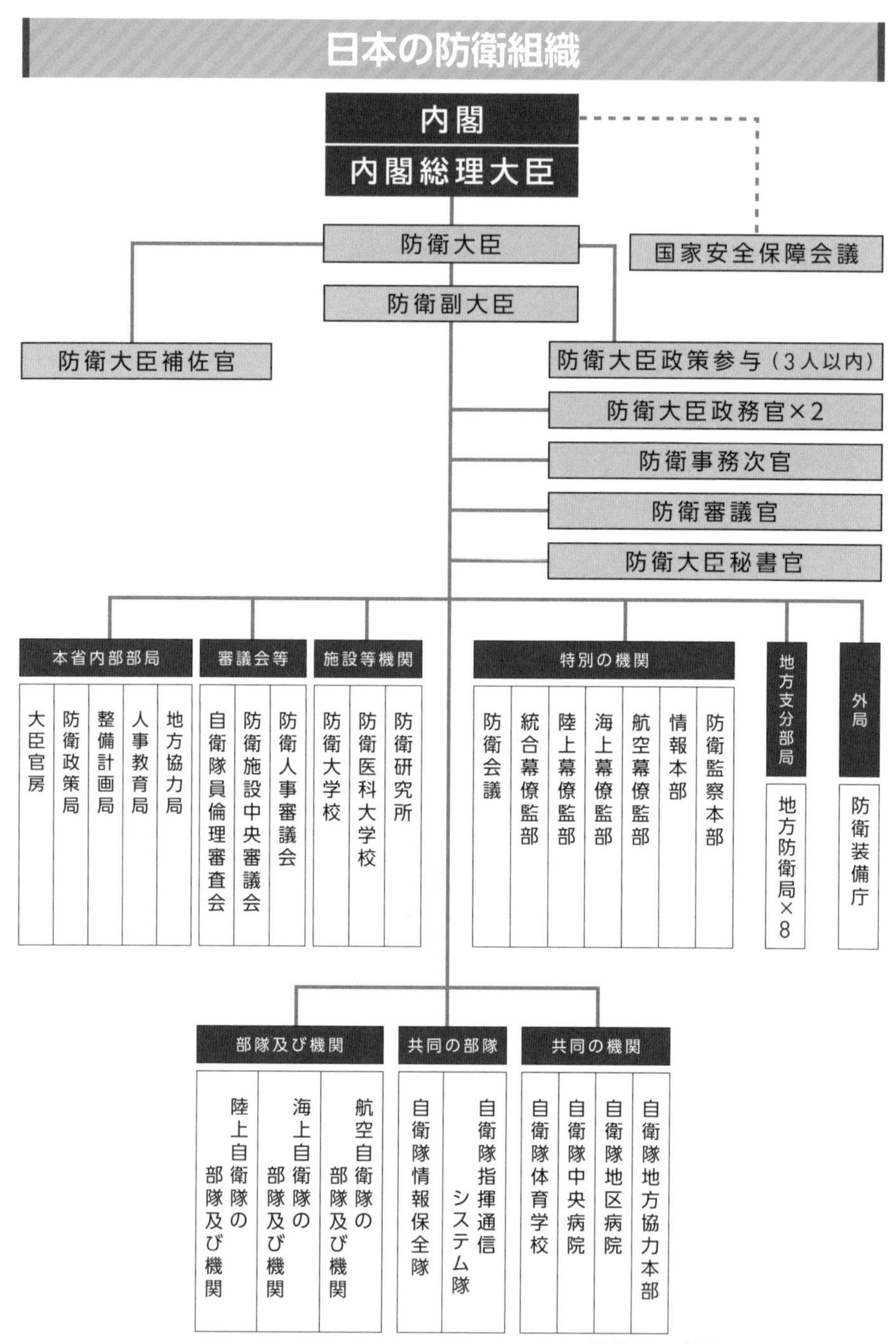

『防衛白書（令和元年版）』より

陸上自衛隊の組織

防衛大臣

- 陸上幕僚長
- 陸上幕僚監部

- **陸上総隊**
  - 陸上総隊司令部〔朝霞〕
  - 第1空挺団〔習志野〕
  - 水陸機動団〔相浦〕
  - 第1ヘリコプター団〔木更津〕
  - システム通信団〔市ヶ谷〕
  - 中央即応連隊〔宇都宮〕
  - 特殊作戦群〔習志野〕
  - その他の部隊
- **北部方面隊**
  - 北部方面総監部（札幌）
  - 第2師団
  - 第5旅団
  - 第7師団
  - 第11旅団
  - 第1特科団（北千歳）
  - 第1高射特科団（東千歳）
  - 第3施設団（南恵庭）
  - 北部方面混成団（東千歳）
  - 北部方面航空隊（丘珠）
  - その他の部隊
- **東北方面隊**
  - 東北方面総監部（仙台）
  - 第6師団
  - 第9師団
  - 東北方面特科隊（仙台）
  - 第2施設団（船岡）
  - 東北方面混成団（仙台）
  - 東北方面航空隊（霞目）
  - その他の部隊
- **東部方面隊**
  - 東部方面総監部（朝霞）
  - 第1師団
  - 第12旅団
  - 第2高射特科群（松戸）
  - 第1施設団（古河）
  - 東部方面混成団（武山）
  - 東部方面航空隊（立川）
  - その他の部隊
- **中部方面隊**
  - 中部方面総監部（伊丹）
  - 第3師団
  - 第10師団
  - 第13旅団
  - 第14旅団
  - 第8高射特科群（青野原）
  - 第4施設団（大久保）
  - 中部方面混成団（大津）
  - 中部方面特科隊（松山）
  - 中部方面航空隊（八尾）
  - その他の部隊
- **西部方面隊**
  - 西部方面総監部（健軍）
  - 第4師団
  - 第8師団
  - 第15旅団
  - 西部方面特科隊（湯布院）
  - 第2高射特科団（飯塚）
  - 第5施設団（小郡）
  - 西部方面混成団（相浦）
  - 西部方面戦車隊（玖珠）
  - 西部方面航空隊（高遊原）
  - その他の部隊
- 教育訓練研究本部（目黒）
- 補給統制本部（十条）
- その他の部隊・機関

『防衛白書　（令和元年版）』より

海上自衛隊の組織

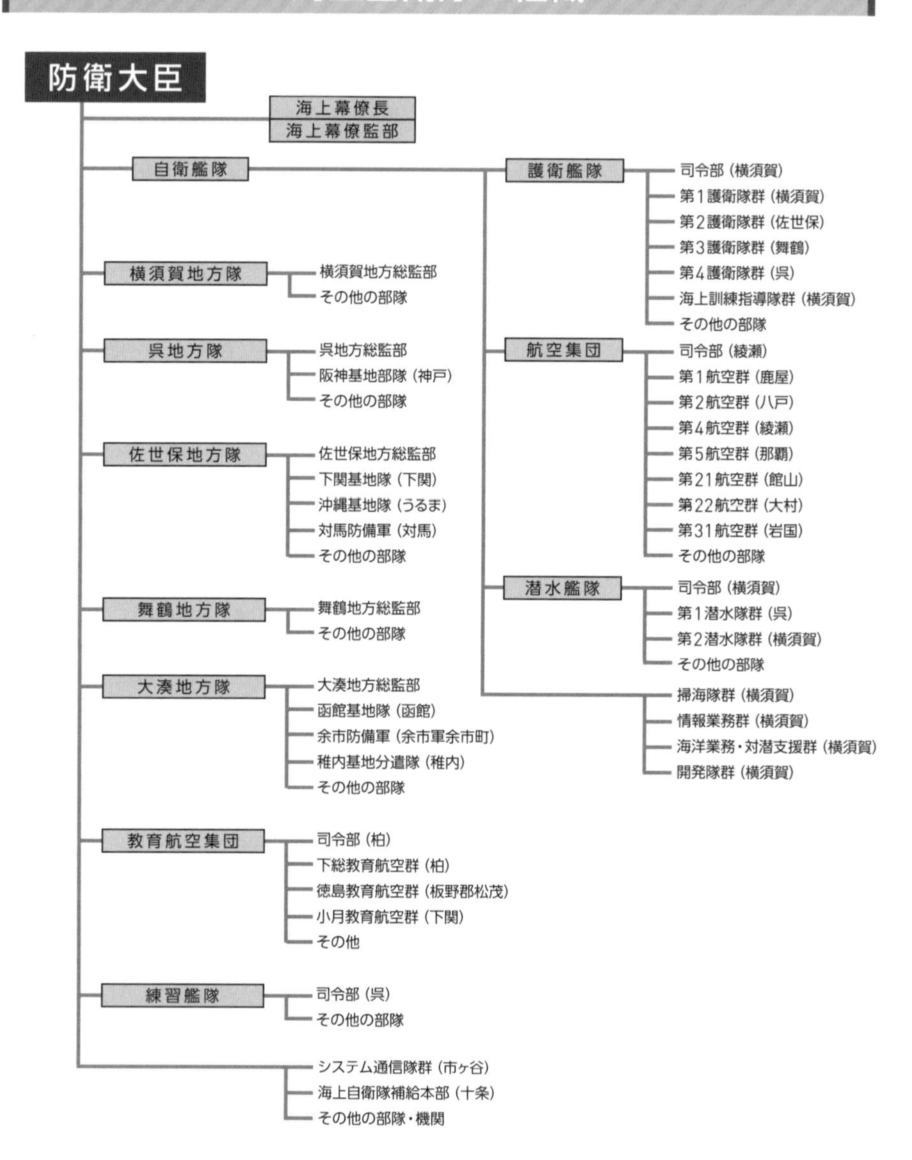

『防衛白書（令和元年版）』より

航空自衛隊の組織

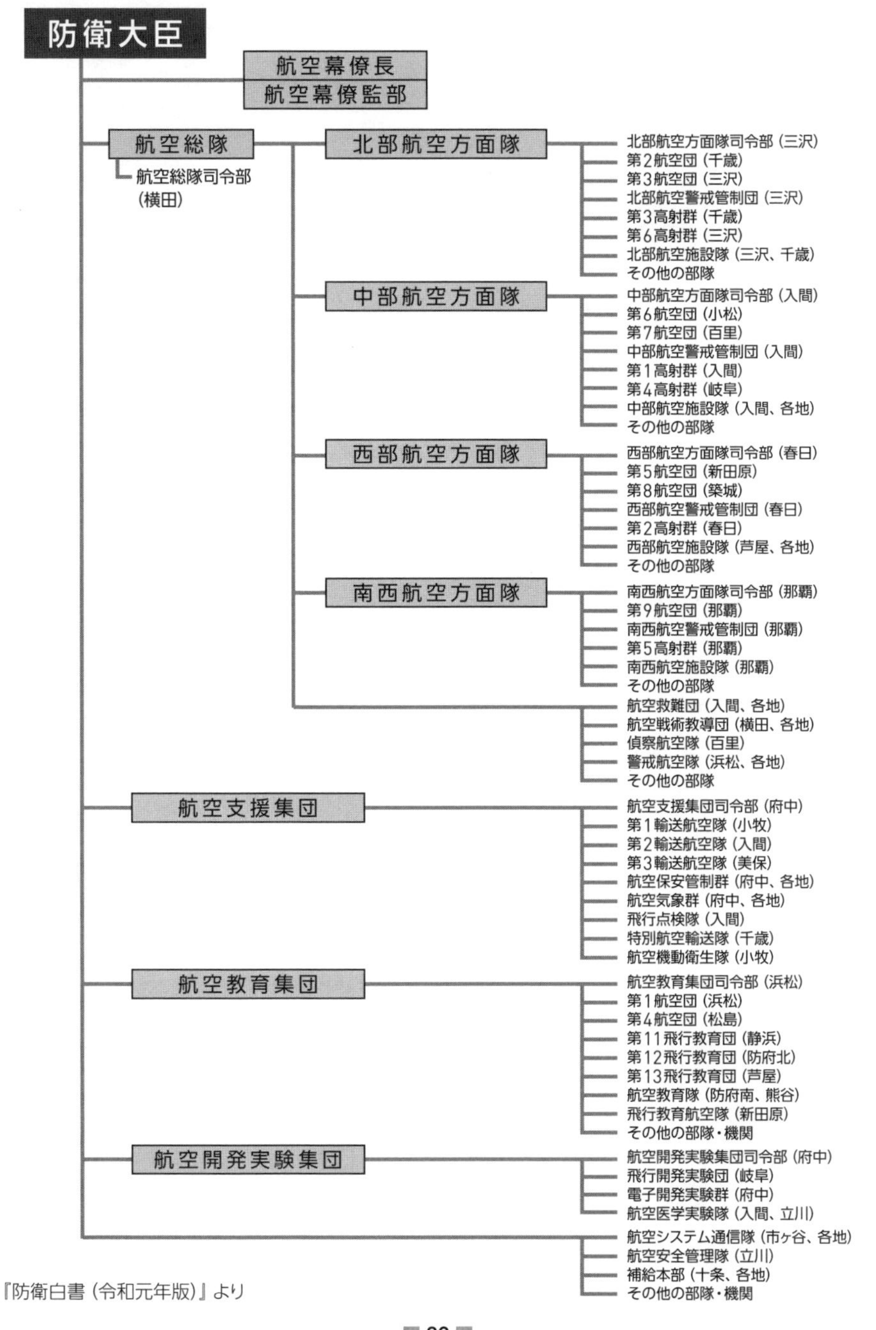

『防衛白書（令和元年版）』より

自衛官の職種や職域を知る

■ 合格しやすい受験生は、自衛官の職務の内容を知っている
■ 自衛官の職種や職域を把握して、やりたい職務を探そう

仕事内容を知ることが第一歩

面接で何を聞かれているのかを正しく理解し、恥ずかしくない回答をするには、自衛官の仕事内容を知っておく必要があります。陸・海・空の3自衛隊には、それぞれに多くの職種や職域があり、さまざまな職務があります。それらの違いをある程度知っておき、やってみたい職務を考えておくことで、「自衛官になりたい」という強い意欲を面接官にアピールすることができます。そうして準備のできている受験生は、面接官に希望の職種や職域について質問や対話ができるため、面接で合格しやすいのです。ここでは、自衛官を目指すのであれば知っておきたい、陸・海・空の自衛隊の主な職種や職域を紹介します。将来どんな職務に就きたいか、イメージしてみましょう。

退職後に活かせる各種資格の取得機会もある

自衛官の定年は一般の会社に比べて早いため、再就職のためのさまざまな支援策が実施されている。それに加え、任期中にさまざまな資格を取得するチャンスがある。職種・職域によって取得できる資格は異なる。取得可能な例の資格は以下の通りである。

車両関係
- 自動車整備士（1～3級）
- 大型自動車運転免許（1種）（自衛隊以外の大型自動車運転には限定解除が必要）
- 大型特殊免許
- けん引免許

船舶関係
- 小型船舶操縦士
- 潜水士

航空関係
- 航空管制官
- 航空無線通信士

医療関係
- 救急救命士
- 准看護師
- 臨床検査技師
- 診療放射線技師

陸上自衛隊の主な職種（職域）

現在16の職種があり、約13万8千人の陸上自衛官が各々の特性を発揮しつつ、各種事態へ柔軟に対処している。

普通科	地上戦闘の骨幹部隊として、機動力、火力、近接戦闘能力を有し、作戦戦闘に重要な役割を果たします。
機甲科	戦車部隊と偵察部隊があり、主に戦車の正確な火力、優れた機動力及び装甲防護力により、敵を圧倒するとともに、情報収集を行います。
特科（野戦）	野戦特科部隊は、火力戦闘部隊として大量の火力を随時随所に集中して、広域な地域を制圧します。
特科（高射）	高射特科部隊は、対空戦闘部隊として侵攻する航空機を要撃するとともに、広範囲にわたり迅速かつ組織的な対空情報活動を行います。
情報科	情報に関する専門技術や知識をもって、情報資料の収集・処理及び地図・航空写真の配布を行い、各部隊の情報業務を支援します。
航空科	各種ヘリコプター等をもってヘリ火力戦闘、航空偵察、部隊の空中機動物資の輸送、指揮連絡等を実施して、広く地上部隊を支援します。
施設科	戦闘部隊を支援するため、各種施設器材をもって障害の構成・処理、陣地の構築、渡河等の作業を行うとともに、施設器材の整備等を行います。
通信科	各種通信電子器材をもって、部隊間の指揮連絡のための通信確保、電子戦の主要な部門を担当するとともに、写真・映像の撮影処理等を行います。
武器科	火器、車両、誘導武器、弾薬の補給・整備、不発弾の処理等を行います。
需品科	糧食・燃料・需品器材や被服の補給、整備及び回収、給水、入浴洗濯等を行います。
輸送科	国際貢献活動等における、民間輸送力による輸送や各種ターミナル業務などの輸送を統制するとともに、特大型車両等をもって部隊等を輸送します。
化学科	各種化学器材をもって、放射性物質などで汚染された地域を偵察し、汚染された人員・装備品等の除染を行います。
警務科	犯罪の捜査、警護、道路交通統制、犯罪の予防など部内の秩序維持に寄与します。
会計科	隊員の給与の支払いや部隊の必要とする物資の調達等の会計業務を行います。
衛生科	患者の治療や医療施設への後送、隊員の健康管理、防疫及び衛生資材等の補給整備等を行います。
音楽科	音楽演奏を通じて隊員の士気を高揚します。

「陸上自衛隊ＨＰ」（2020年5月）より

海上自衛隊の主な職種（職域）

約4万3千人の海上自衛官が、約50種類の幅広い職域で日々業務についている。

射撃・水雷	衛艦、潜水艦で魚雷等の水中武器、ソナー等の水中検索武器を操作し、潜水艦の捜索、攻撃及び器材の整備を行います。
通信	陸上基地、艦艇及び航空機等の通信、暗号の作成及び翻訳、通信機材・暗号器材及び関連器材の操作整備を業務とします。
気象・海洋	気象・海洋観測、天気図類の作成、気象・海洋関係の情報の伝達に関する業務を行います。
航海	航海は、艦艇の艦橋に置いて航海に関する業務を実施します。船務はレーダー・電波探知装置等を活用し、戦術活動を実施します。
地上救難	特殊な装備で任務に当たる海上自衛隊。その非常事態に対応するのが地上救難班の任務です。
給養	日夜任務や訓練に励む自衛官。そんな彼らの毎日の食事を調理する専門の職種が給養員。海上自衛隊の給養員は全国の艦艇や基地に配属されています。
飛行	P-3C大型哨戒機、US-1A水上救難機、SH-60J/K艦載ヘリコプター等の搭乗員として飛行任務を実施します。
機関	エンジン（ガスタービン、ディーゼル等）発動機等の運転、整備及び火災、浸水対処等を業務とします。
経理	給与・旅費等の計算、物品等の調達、部隊の任務を遂行するために必要な装備品を準備し、供給する業務を実施します。
航空管制	飛行場で離着陸する航空機または飛行場周辺を飛行する航空機の無線・レーダー等での誘導等を業務とします。
航空機整備	航空機の機体、エンジン及び計器並びにこれらの整備用の器材等の整備、修理、補給等に関する業務を行います。
潜水	アクアラングを使用した潜水を行い、機雷等の爆発物の処分等を行います。
施設	国有財産についての管理、運用、施設器材・施設車両を用いての建設、道路等の工事及び器材の設備を行います。
音楽	音楽演奏を通じて隊員の士気を高揚します。また、広報活動に関する業務を行います。
衛生	病院における医療および医務室における健康管理や身体検査を実施するとともに、潜水に関する調査・研究を業務とします。
機雷掃海	掃海船艦等で機雷探知機、掃海具等を操作し、機雷の処分及び機雷の調整、器材の保安整備を行います。

「海上自衛隊ＨＰ」（2020年5月）より

航空自衛隊の主な職種（職域）

約4万3千人の航空自衛官が、約30種に及ぶ職種に従事し、空からわが国を防衛するという任務を遂行している。

飛行	戦闘機、輸送機、偵察機、救難機及び政府専用機などを操縦し、防空、航空偵察、航空輸送及び航空救難等を行います。
航空管制	飛行場（共用飛行場を含む。）において、離着陸する航空機などを誘導する航空交通管制業務を行います。
要撃（警戒）管制	昼夜を問わず領空を常時監視し、接近あるいは侵入してくる航空機を早期に発見・識別し、必要に応じて戦闘機などを誘導します。
プログラム（電算機）	早期警戒システムや気象解析予報システムなど、航空自衛隊で用いるあらゆるコンピューターシステムの構築とプログラムの作成・保守を行います。
気象	飛行の安全を確保するため、航空気象に関するデータの収集、予報などを行い、その結果を全国の部隊に送ります。
高射	パトリオットミサイルシステムなどを操作し、航空機部隊や警戒管制部隊と協力して侵攻してくる航空機を撃破することを任務としています。
通信	有線・無線通信器材などを使用した電報等の送受信業務、及び航空通信に関する業務を行っています。
無線レーダー整備	機上通信、機上航法器材、警戒管制レーダー機器、地上用無線通信機器、警戒管制用電子計算機及び表示機器などの整備を行います。
武装	主に戦闘航空団に所属し、航空機で用いられる武器弾薬の整備・搭載などの業務を行います。
航空機装備品整備	航空機油圧系統、航空計器系統、自動操縦系統、航空機電機系統、救命装備品の整備等に関する業務を行います。
航空機整備	ヘリコプター、航空機、航空機用エンジン等の整備及び航空機等の金属部材の製作、修理等に関する業務を行います。
車両整備	車両の整備、動力器材及び無動力器材の整備に関する業務を行います。
施設	基地などにおける滑走路や建物の維持補修、電気やボイラーなどの管理業務を行い、航空機事故が発生した場合は消防救難活動も行います。
輸送	車両や航空機でのあらゆる輸送の計画を行うとともに、航空機への貨物の搭載等の空港業務、客室業務及び車両を操縦し、人や貨物の輸送を行います。
給養・補給	給養は、調理、配食及び給食事務に関する業務を行います。補給は、航空自衛隊で使用するすべての物品を保管し、出荷する業務を行います。
会計	航空自衛隊で使用するすべての物品を購入します。また、隊員の給与、出張等の旅費などの計算・出納に関する業務を行います。
音楽	音楽演奏を通じて隊員の士気の高揚を図っています。また、各種の演奏会を実施する等、自衛隊の広報活動も行います。
警備	来訪者の受付をはじめとして、基地を警備し、施設・物品の管理と隊員の安全を守ります。また、司法警察職務を執行する隊員がいます。
衛生	健康診断・身体検査など、隊員の健康管理を行うとともに、環境衛生、食品衛生検査を行います。また、救急救護に関する業務も行います。
救難	航空機に搭乗し、遭難者の捜索、救助を実施します。また、被救助者に対する救急処置を行います。
その他	情報、総務、人事、教育などの職種もあります。

「航空自衛隊ＨＰ」（2020年5月）より

自衛官の キャリアパスを学ぶ

■ 自衛隊の昇任制度を知れば、将来像が見えてくる
■ 上位の階級に昇任できるか否かは本人次第

将来の自分をイメージしよう

自衛隊への入隊には、さまざまな募集種目があります。一般的には自衛隊幹部候補生、一般曹候補生、自衛官候補生があり、このほか医科・歯科幹部自衛官や看護、技術海曹・技術空曹などの専門職、さらには防衛大学や防衛医科大学医学科、看護学科学生など、学生としての募集もあります。どの種目でも面接では「将来、どのような自衛官になりたいか」などを聞かれることがあるので、希望の職種はもちろん、その職務内容、階級や昇級についての知識を深め、将来像をイメージしておくことは大切です。

採用直後の流れ（一般曹候補生の場合）

1 採用試験に合格 → **2 教育課程・部隊勤務** → **3 選抜試験**

1. 入隊後すぐに2等陸・海・空士になる。教育課程中に士長まで昇任可能。
2. 約2年9カ月経過後、選考によって3等陸・海・空曹に昇任する。
3. 3曹昇任後4年で1曹になり、部内選抜の幹部候補生への受験資格が得られる。

採用直後の流れ（自衛官候補生の場合）

1 採用試験に合格 → **2 任官** → **3 任期満了後**

1. 自衛官候補生として3カ月の教育訓練。
2. 基礎的な特技教育を受け、その後部隊勤務へ。担当職種のエキスパートを目指す。
3. 任期中に士長までは昇進可能。任期満了後は、2年の任期継続か退職を選択できる。

昇任制度を把握しておこう

自衛隊における階級というのは隊員の身分のことで、階級制度は指揮統率と規律を徹底するうえで必要不可欠なものです。自衛隊では上位から順に「将」「将補」「1佐」「2佐」「3佐」「1尉」「2尉」「3尉」…、「2士（2等陸・海・空士)」まで16階級あります。上の階級にステップアップするには階級ごとの経験年数をクリアし、昇任試験を受ける必要があります。また、3尉（3等陸・海・空尉）より上の階級は幹部職となり、試験又は選考によって昇進するというのが一般的です。

キャリアパスの例（一般曹候補生の場合）

下記の期間は次の階級に昇任するために必要な最短期間。2士からスタートする場合、ストレートに昇進していけば約11年で幹部職につくことができる。

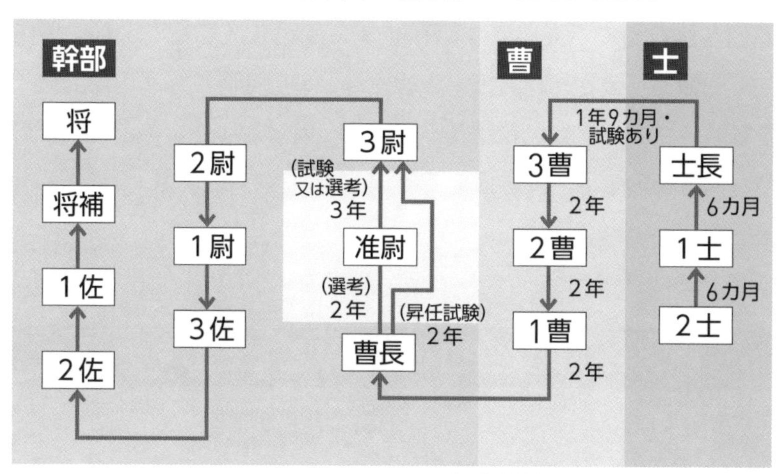

「自衛隊募集ＨＰ」（2020年5月）参考

CHECK 昇任する前に大切な教育システム

一般曹候補生としての1、2年目は、陸・海・空のそれぞれで基礎教育・部隊勤務の期間や回数などの教育課程が異なる。この期間中に自衛官として必要な基礎知識および技能を修得する。また自衛官候補生は任期満了後も希望すれば、選考により2年任期を継続され、選抜試験に合格すれば幹部に進む道も開かれている。

説明会や募集窓口で情報収集

■ 毎年、多くの受験生が説明会や募集窓口を訪問している
■ 面接ではないので、臆せずに自分が不安に思うことなどを聞いてみよう

訪問することで得られる情報がある

自衛官の仕事を詳しく知りたいのなら、全国の自衛隊地方協力本部が開催している説明会や、各種学校で開催される説明会、各地に設けられている募集窓口を訪れることをおすすめします。進路を決心していない段階でもまったく問題ありません。直接、広報官などの自衛隊関係者の話を聞くことは大きな意味があります。希望する自衛官（陸・海・空）の募集種目の概要や特徴、入隊後の生活、受験に対するアドバイスなどについて教えてもらえるからです。

説明会や募集窓口を訪問するときのマナー

訪問前

① 受験する自衛官（陸・海・空）のホームページを見て仕事の内容を把握しておく

一般公開されている情報は頭に入れておく。そのうえで、さらに知りたいことをメモしておく。

② 私服でOK

私服でもかまわないが常識ある範囲の服装を心がける。迷ったらスーツ、高校生は学生服を着用しよう。

訪問中・訪問後

① しっかりあいさつをする

「お忙しいところ、すみません。今、少しお時間よろしいでしょうか」「ありがとうございます」「本日はとても勉強になりました。お忙しい中、本当にありがとうございました」など礼を尽くそう。

② 相づちを打つ

メモを書かないときは、相手の目を見て、しっかりと相づちを打つ。

③ お礼状は必要ない

訪問後は特に何もしなくてもOK。よい自衛官になって恩返ししよう。

訪問することの利点

① 現場で働く先輩たちの意見が聞ける

対応してくれる職員によっては、普段はあまり聞けない仕事に対する考え方ややりがいなどを話してくれることがある。受験対策のヒントが見つかることも多いので、積極的に相談してみよう。

●面接について聞いておくべきこと

- ▶ どうして自衛官になろうと思ったのか?
- ▶ 面接ではどのような質問をされるのか?
- ▶ どのような時事問題について聞かれたのか?
- ▶ どのような人が受かりやすいのか?
- ▶ どのような試験が行われるのか?
- ▶ 今から何かやっておくといいのか?
- ▶ 面接カードには、どのような記入項目があり、いつ提出するのか?

●仕事内容について聞くこと

- ▶ 現在、当該自衛隊(所属部隊)はどのようなことに力を入れているのか?
- ▶ 現在の課題に対して、どのような対策を考えているのか?
- ▶ 多くの新人はどういう部隊(部署)に配属されるのか?
- ▶ 仕事をしていて、大変に思うことは何か?
- ▶ 自衛官になって、うれしいことや苦しく感じることは何か?

② 話を聞いてモチベーションアップ

現職の自衛官が働いている様子の動画や写真を交えて説明を受けたり、日々体験していることを直接聞いたりすると、自然とやる気が湧いてくるものだ。説明会や募集窓口に訪問したことで試験に対する不安が解消されたという人も多い。

CHECK 最寄りの地方協力本部をまず確認しよう

自衛隊には地方協力本部が全国に50カ所(北海道4、各都道府県)があり、その地方協力本部の管轄で募集事務所がある。たとえば東京都では都内に20カ所、神奈川県では12カ所の募集事務所を設けている。現役自衛官が常駐し自衛官になるための方法、手順など、さまざまな疑問に答えてくれる。説明会も随時行われているので、最寄りの地方協力本部のホームページをチェックしよう。

時事質問対策のための情報収集を行う

■ 面接から1年前までの時事ネタと2～3年前までの大きな事件を押さえる
■ 新聞やテレビと参考書を組み合わせて、情報を収集する

面接で問われる時事問題は2つのタイプがある

時事問題についての質問への対策のポイントは、面接でよく質問される事柄を中心に、ニュースや新聞をチェックしておくことです。

時事問題に関する質問には、大きく分類すると２つのタイプがあります。受験生の時事問題についての知識を確認しようとする質問と、意見を聞こうとする質問です。前者に対しては、きちんと内容を理解して簡潔に説明することができるか、後者に対しては、その出来事に対して自分なりの考えを持ち、しっかりと伝えられるかを意識して、どのように回答するべきかを検討してみましょう。準備をしているかどうかで大きな差が出る質問です。

時事に関する質問の2タイプ

① 知識確認タイプ

時事問題に対して関心を持っているか、また、その内容まで把握しているかを確かめる意図がある。

● 具体例
・最近、興味のあるニュースや時事問題は何ですか?
・今日の新聞で気になったニュースは何ですか?
・自衛隊の国際平和協力活動を説明してください。

② 意見確認タイプ

時事問題に対してどのような意見を持っているか、また、その意見をどのようにして伝えるのかを聞き出そうとする意図がある。

● 具体例
・少子高齢化問題について、どう思いますか?
・国際テロについて、どう考えますか?

FAQ 時事対策に関するよくある疑問に答えます

Q1 手っ取り早くできる対策はありますか?

A1 普段からニュースに触れる習慣を身につけることが、もっとも手っ取り早い時事対策です。毎日流れているニュースの量は膨大です。試験の直前になって一気に勉強しようとすると大変なので、毎日の生活の中で新聞やニュースに触れておくことが大切です。

Q2 ニュースはいつ頃のものまで知っておけばいいですか?

A2 大きな事件でしたら、2～3年前の状況までは把握しておきたいです。面接日の1年前くらいまでのニュースや事件は頭に入れておいたほうがいいでしょう。

Q3 おすすめの対策はありませんか?

A3 具体的には、新聞やテレビ、インターネットを使った情報収集がおすすめです。最新の時事問題をまとめた参考書を読むことも有効です。新聞+参考書や、ネット+参考書といった組み合わせはバランスがとれていて、時事対策に適しています。

CHECK 時事ネタ収集に役立つ3つのメディア

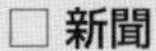

□ 新聞

時事対策における基本のメディア。毎日読み続けていくと、とても対応力がつく。最初は面倒に思うかもしれないが、読む習慣を身につけてしまえば楽になる。通学や通勤の前、電車の中、帰宅してからなど、毎日読むようにしよう。

□ テレビ

小難しい時事ニュースもわかりやすく解説してくれるのでおすすめ。新聞がどうしても苦手な人は、テレビを中心に利用するとよい。実際、「毎日同じテレビのニュース番組を見ていました」という内定者もいた。親しみやすいキャスターで選ぶなど、お気に入りのニュース番組を見つけよう。

□ WEB

さまざまなニュースサイトからも時事ネタを集めることができる。利点は広い範囲の情報をざっくりと仕入れられること。短い文面だけでも頭の中に入れておくと、情報収集のアンテナが立つようになる。ただ、これだけでは理解の深さが足りないので、すき間時間の時事対策と考えておこう。

身体検査に備える

■ 特別な検査項目はないが、不合格にならないよう確認しておこう
■ 虫歯の治療や適切なメガネ、コンタクトレンズ選びも大切

自衛隊といっても特別な検査項目はない

「自衛隊の身体検査」といわれると、何か特別な検査があるのではないかと不安を抱く受験生も少なくありませんが、特別な検査項目はありません。身体検査は、自衛官候補生の受験生に対しては筆記試験、口述試験（面接試験）と同時に実施されますが、一般曹候補生の受験生に対しては、筆記などの1次試験合格者に対して、2次試験の口述試験と同時に実施されます。検査の内容としては、身長・体重などを計る身体測定、肺活量測定、視力検査、色覚検査、聴力検査、歯科検診、血液検査、尿検査、胸部X線検査、四肢運動、既往歴などの問診が行われます（合格の基準は次ページを参照）。準備が可能な項目としては、虫歯の治療、矯正視力が0.8以上になるような適切なメガネ、コンタクトレンズの用意のほか、尿検査でタンパクや糖の値が高くなりそうなら節制するということくらいでしょう。ちなみに、虫歯は採用までに治療すれば問題ありませんが、試験前に歯科医で検査・治療しましょう。

航空身体検査とは

自衛隊でパイロットを目指す場合、航空学生、防衛大学校、一般幹部候補生（飛行要員）などを受験する必要があるが、その際には一般の「身体検査」に加えて、「航空身体検査」が実施される。検査内容は、深視力、斜位、視野などの視力検査、血圧、心電図、頭部レントゲン、脳波検査など。検査基準は厳しく、いくら成績優秀でも不適格ではパイロットにはなれない。

● 身体検査の主な合格基準

『令和２年度自衛隊一般曹候補生募集要項』より

検査項目	男子	女子
身長	150cm以上のもの	140cm以上のもの
体重	身長と均衡を保っているもの（合格基準表参照）	
視力	両側の裸眼視力が0.6以上又は矯正視力が0.8以上であるもの	
色覚	色盲又は強度の色弱でないもの	
聴力	正常なもの	
歯	多数のう歯又は欠損歯（治療を完了したものを除く）のないもの	
その他 （尿検査、胸部X線検査等）	1 身体健全で慢性疾患、感染症に罹患していないもの。また四肢関節等に異常のないもの 2 慢性疾患には次のものも含まれます (1) 気管支喘息（小児期に喘息と診断されたが、最近３年間は無治療で発作のないものは除く） (2) 常時治療を要する又は感染症を伴う重症なアトピー性皮膚炎 (3) 腰痛（5年以上無症状で再発のおそれのないものを除く） (4) てんかん、意識障害の既往歴のあるもの（ただし、乳幼児期に限定した熱性けいれん等を除く） (5) 過度の肥満症 (6) 高血圧症、低血圧症 3 開腹手術の既往歴のないもの（ただし、次のものを除く）(1) 外そけい・臍ヘルニア根治術 (2) 腸管癒着症状を残さない虫垂切除術 (3) 開腹手術のうち、腹腔鏡下手術の実施後１年以上再発・後遺症がないもの (4) 開腹手術の実施後5年以上再発・後遺症がないもの 4 刺青がないもの・自殺企図の既往歴のないもの・妊娠中でないもの・躁うつ病等の精神疾患のないもの又は既往歴のないもの	

● 体重の合格基準

『令和２年度自衛隊一般曹候補生募集要項』より

男子			女子		
身長 (cm)	体重 (kg以上)	体重超過の 判定基準 (kg以上)	身長 (cm)	体重 (kg以上)	体重超過の 判定基準 (kg以上)
—	—	—	140.0～	38	52
—	—	—	142.0～	39	53
—	—	—	145.0～	40	55
—	—	—	148.0～	42	57
150.0～	44	65	150.0～	43	58
152.0～	45	67	152.0～	43.5	59.5
155.0～	47	69	155.0～	44	62
158.0～	47.5	71.5	158.0～	44.5	64.5
161.0～	48	74	161.0～	45	67
164.0～	49	76.5	164.0～	46	69.5
167.0～	50	79	167.0～	47.5	72
170.0～	52	81.5	170.0～	49	74.5
173.0～	54	84	173.0～	51	77
176.0～	56	86.5	176.0～	53	79.5
179.0～	58	89	179.0～	55	82
182.0～	60	91.5	182.0～	57	85
185.0～	62	94	185.0～	59	88
188.0～	64	96.5	188.0～	61	91
191.0～	66	99	191.0～	63	94

平均的な体力をつくっておく

■ 体力試験はないが、入隊後のために体力があるほうが理想的
■ 毎日のスケジュールに体力トレーニングも取り入れよう

入隊までに基本的な体力をつけておこう

一般曹候補生や自衛官候補生の採用試験では、身体検査が行われるだけで体力試験は実施されません。体力試験で合否が決まることはないのです。ただし、体力がなくてもいいというわけではありません。自衛官には体力が求められ、採用後には厳しい訓練が待っています。そして、入隊後は退官するまで体力検定がついてまわります。入隊後のことを考えると、高校の体育系の部活動についていけるぐらいの体力は備えておきたいところ。なかには入隊直後の教育期間に実施される厳しい訓練で、つらい思いをする受験生もいるので、トレーニングを行い、準備しておきましょう。

入隊後の体力検定に備える

STEP 1 行われる体力検定を調べる

種目や基準など、どのような体力検定が行われるのかを、希望する自衛隊ホームページなどで確認し、実践してみる。

STEP 2 判定基準と自分の実力を比較

年齢と種目ごとに得点基準が決まっているので、腕立伏せ、腹筋、持続走は50点以上、懸垂、幅跳び、ボール投げは20点以上を目指して苦手種目を克服しよう。

●体力検定の主な種目と入隊時につけておきたい体力の目安

「自衛隊ＨＰ」（2020年5月）参考

種　目	男　子	女　子
腕立て伏せ（2分間で実施）	25～35回	10～15回
腹筋（2分間で実施）	33～40回	26～34回
持続走（3000m）	15分20秒～16分20秒	17分40秒～18分50秒
懸垂	3～6回	7～14回 ※斜め懸垂
走り幅跳び	330～360cm	270～290cm
ボール投げ（ソフトボール）	36～41m	15～18m

●体力検定の実施要領

「自衛隊ＨＰ」（2020年5月）参考

種　目	内　容
腕立て伏せ	● 両手は肩幅よりやや広くとり、手のひらを内向きにハの字にして床に対し垂直につける ● 体は肩から足首までの線が一直線になるよう保持する ● 両足は肩幅まで開いてよい ● 補助者は実施者が屈腕した際のあごの位置に手をおき、実施者はその手のひらにあごがつくまで屈腕し、当初の姿勢に戻す ● 測定の間の休憩では、腰を曲げ伸ばすのはよいが、膝を床面につけたり、手足を床面から離してはいけない ● 2分間でできるだけ実施〔1回のみ実施〕
腹筋	● 両手は指を組まずに後頭部で重ねる ● 両膝を90度に曲げ、補助者が両足首を固定 ● 仰向けの姿勢から、両肘がももが触れるまで上体を起こす ● 両肘がももが触れた状態で休憩できる〔仰向けの姿勢で休憩すると終了〕 ● 2分間でできるだけ実施〔1回のみ実施〕
3000m走	● スタンディングスタートで実施
懸垂〔男子〕	● 両腕はほぼ肩幅に開き、手の握りは順手 ● あごが鉄棒の高さの上に達するまで腕を曲げて、十分に伸ばす動作を繰り返す ● 3～4秒に1回、測定係の笛などの合図にしたがって繰り返す〔2回以上遅れると終了〕 ● 反動をつけずに実施する
斜め懸垂〔女子〕	● 鉄棒の高さは直立時のひじ関節の位置 ● 腕を肩幅に開き伸ばした状態で鉄棒に斜めにぶら下がった際、腕と胴体が90度になるよう両足を前に出す ● 両手は順手で握り、足はそろえて足先は上方にし、頭、胴、両足の線をまっすぐに保持 ● 腕を伸ばした状態から身体が鉄棒に触れるまで曲げて伸ばす動作を繰り返す ● 2～3秒に1回、測定係の笛などの合図にしたがって繰り返す〔2回以上遅れると終了〕 ● 反動をつけずに実施する
走り幅跳び	● 助走をつけて踏み切り前方にとぶ ● 踏み切り足の先端から、着地点（踏み切り足に近い点）までの距離を測る ● 2回実施し、よいほうを記録とする
ボール投げ	● ソフトボール〔3号・重さ180g〕を使用する ● 決められた投てき区域内で投球し、基準点からの距離を測る ● 2回実施し、よいほうを記録とする ● 記録はm単位で、m未満は10cm単位で四捨五入

面接試験の評価方法を知る

■ 自衛官の面接試験では、ある程度決まった質問をされることが多い
■ 自衛官の面接では、態度や性格、情緒などが見られている

面接試験は簡単な練習をしておけばクリアできる

現在、一般曹候補生では３人の面接官、自衛官候補生では２人の面接官が、15分程度で面接を行うことが多いようです。「平和」や「戦争」に関する難しい質問をされるのではないか、と心配する人もいますが、それほど恐れるものではありません。特に、一般曹候補生や自衛官候補生の面接試験では、質問項目はほとんど決まっているので、本書を使って自分なりの回答を用意しておけば大丈夫。その回答に対して、さらに突っ込んで質問されるということもあまりありません。では、面接官は受験生のどんなところを見ているのでしょうか？　一つには、服装やあいさつ、姿勢や発声などの「態度」です。また、責任感はあるか、向上心はあるか、協調性はあるかなどの「人柄」と、気分のむらがないか、快活かどうかなどの「情緒」も見られています。人柄や情緒の部分は無理に装っても限界がありますし、想定質問に対して自分の回答をつくって練習しておけば、恐れる必要はありません。

必ず聞かれる質問事項とは

自衛官の面接試験では、必ず聞かれる質問事項がある。主な質問事項は以下のようなもの。「志望の動機やきっかけ」「入隊の意志／併願先と優先順位」「希望の勤務年数」「勤務地・転勤の制限」「自分の長所・短所」「趣味、運動歴」「家族の賛成・反対」「気になる時事問題」など。本書のChapter4、5、6を使って自分なりの回答をつくり、友だちや家族を相手に面接の練習をしておこう。

個人面接での主な評価項目例

過去に、受験生に対して自衛隊広報官が行ったアドバイスや、一般の公務員試験での評定項目などから、自衛官の面接試験では、どのような点がチェックされているのかをまとめたのが下の表。面接の準備や、実際の面接時に、どんな部分に注意すべきかを確認しておこう。

評価項目	具体的な着目点
容姿・態度	服装／容貌／身だしなみ／動作／応対の態度　など
表現力	適切な用語／明瞭な発声／伝わりやすい表現　など
情緒安定性	気分にむらがないか／冷静か／快活か　など
堅実性	意志が強いか／責任感があるか／向上心はあるか／信頼できるか　など
適応性	協調性はあるか／順応性は高いか　など

※表はシグマ・ライセンス・スクールが独自にまとめたもの。実際の評価項目は明らかにされていない。

CHECK 短い時間で好印象を与えるには

自衛官の面接は、約15分という短い時間で、ある程度決められて質問が行われる。もちろん、質問に対する回答の内容も大切だが、短時間で面接官に好印象を与えるには、姿勢や態度が重要になる。まず、身だしなみやはっきりした元気な発声に気をつけるのはもちろん、自信を持って回答するためには自分の回答をきちんと用意しておくことも大切だ。また、話をするときも、答えるときも相手の目を見ること。さらに、自分の熱意・意欲を元気よく表現すること。そして、最後まできちんとした姿勢をキープすることも大切だ。模擬面接で練習しておこう。

自分の回答を用意して面接練習

■ 自分にとってベストな回答をつくり、自分の言葉できちんと話そう
■ 本番を想定して、自問自答を繰り返す練習をやっておこう

本番に備えて回答づくりと練習をする

面接では、自分の話を自分の言葉できちんと話すことが大切です。それが、自分にとってのベストな回答に近づくための道筋です。しかし、頭でわかっていても、いきなり本番ではうまくいかないもの。まず自分なりの回答をつくっておいて、本番を想定した練習が必要です。そこでおすすめしたいのが、面接ロールプレイング。これは自分で自分に面接官のように質問し、自分で回答する練習です。これに慣れてくると、用意した回答をスムーズに伝えられるようになります。自宅では声に出して、外出先では頭の中で練習してみましょう。

面接練習の手順と復習

1 質問内容をチェック

2 自分の回答をつくる

3 面接練習をする

4 自分の得意な質問と苦手な質問を特定して、繰り返し練習

得意な質問

面接でも同じように
回答できるようにしておく

最初は得意な質問の数が少なくても大丈夫。少しずつ得意な回答を増やしていこう。

苦手な質問

本番までに対応策を練っておく

面接で同じ質問をされたときにはうまく回答できるように、練習して準備をしておく。

面接練習を欠かさずに

1人でやる練習

鏡に向かって練習する
(→P.15)

録音・録画して見直してみる

客観的に見聞きしてみると、おかしな点に気づくことがある。

2人（複数人）でやる練習

模擬面接

第三者の目で見てもらいながら、苦手な質問も克服しよう。

企業面接に参加する

企業面接に参加し、面接に慣れる (→P.17)

CHECK ハローワークで面接練習

内容などは自治体によってさまざまだが、疑似面接による指導を行っているハローワークもある。多くの場合、面接官に気づいた点を指摘してもらったり、具体的な指導を受けたりできる。予約をしたほうがスムーズにいくことも多いので、まずは実施しているかの確認も含めて近くのハローワークに問い合わせてみよう。

面接前日 チェックリスト

- 持ち物や面接会場へのアクセスなどを改めて確認する
- 面接を突破するための身だしなみや心構えも改めて確認しよう

面接前日までにチェックしておきたいこと

面接当日に必要な最低限のチェック項目を紹介します。このほかにも面接内容によって注意すべき点が加わるようなら、事前に備忘録としてメモしておきましょう。

CHECK! 当日の流れ

- □ 交通手段や駅からの道のりなど、行き方を具体的に調べてあるか?（会場の下見はしたか?　悪天候時の代替路を確認したか?）

CHECK! 持ち物

- □ 筆記用具や身体検査で使用する運動着は用意してあるか?

CHECK! 身だしなみ

- □ スーツやYシャツ（ブラウス）にシワはついていないか？
- □ 靴の汚れを落としているか?　かかとはすり減っていないか?
- □ ヘアスタイルは問題ないか?　脱色や染色はNG
- □ ヒゲはきちんと剃っているか?
- □ 指の爪はきれいに切ってあるか?
- □ 女性の化粧は、ナチュラルメイク、もしくはノーメイクか?
- □ 女性のリップは、ハデでない明るいピンクやベージュ系か?

CHECK! マナー

- □ 大きな声ではっきりとあいさつをする
- □ テキパキと行動する
- □ 相手の面接官の目を見ながら応答をする

CHECK! 面接カード

- □ 結論から書き、具体例を交えた読みやすい文面になっているか?
- □ 記入したことに対しては、どのように尋ねられても回答できるか?

CHECK! 面接で多く聞かれる項目に対する回答

- □ 志望動機は自衛官の役割や仕事内容に沿っているか?
- □ 力を入れてきた活動と自己PRは、協調性やストレス耐性があることを説明する強みになっているか?
- □ 趣味・特技は、前向きで健康的な印象を与えることができるものか?
- □ 専攻やゼミは、選んだ理由を明確に説明でき、「なぜ自衛官を志望するのか」という質問への回答と合致しているか?
- □ 関心を持っている事柄は、自衛隊や自衛官に関する話題とそうでない話題を2つずつ準備しているか?

CHECK! 面接時の心がまえ

- □ 入室時、着席前のあいさつや礼は元気よくはっきりと
- □ 言いたいことを言うのではなく、質問に答えて、言葉のキャッチボールを行うことを心がける
- □ 知らないことを聞かれたときは素直に謝り、「すぐ調べます」など、誠実に回答する
- □ 失敗したと思ってもあきらめず、最後まで前向きに、丁寧な回答を心がける
- □ 入室から退室するまで、気を緩めない
- □ 圧迫面接だとわかったら、冷静に相手が言うことを受け入れつつ、あきらめずに回答する

Column 2

合格者インタビュー②

● 面接突破のためにがんばったこと、気をつけたことは？

本気で模擬面接の練習を繰り返した

面接で質問されることの多い項目を書き出し、それに対する自分なりの答えを考えてから、友人や家族に面接官役をしてもらって、模擬面接の練習を繰り返しました。父にあいまいなところを厳しく突っ込まれたときには、答えられずに泣いてしまったこともありましたが、おかげで本番では落ち着いて堂々と受け応えができたと思います。面接の練習は絶対しておいたほうがいいですよ。

自衛官を目指す友人と練習を繰り返した

面接は経験がなくて上手に答えられるか自信がなかったので、一緒に自衛官を目指す友人と、交代で面接官の役をしながら、何回も面接練習を行いました。面接官役になったときには本気で突っ込み合っていたので、そのおかげで質問のパターンもわかるようになり、突っ込んだ質問をされても落ち着いて回答できるようになりました。面接当日も、穏やかに面接官と受け応えすることができました。

大きな声ではっきりとあいさつをした

大きな声でのあいさつができれば印象もよくなるはずだと考えて、家で家族に対して大きな声が出せるように練習しました。当日の試験会場では、朝から出会う人すべてに大きな声であいさつをしていたところ、「気持ちのいいあいさつだね」、と褒められて気持ちも落ちつき、面接も和やかに進みました。あいさつが適当な受験生も多いので、効果が大きいと思います。

Chapter

自衛官面接の基礎知識

ひと口に「面接」といっても、じつはさまざまな形式の面接があります。自衛官の面接試験では、どのような面接が行われるのかを知り、また、事前に提出する面接カードのつくり方や面接における基本的なマナーなども学んで、面接準備の基礎を固めましょう。

個人面接の形式と面接カードを知る

■ 最寄りの「自衛隊地方協力本部」にて事前に詳しい説明を受けるとより安心
■ 面接での質問の基になる資料が面接カードであることを心得ておく

面接形式は個人面接のみ

自衛官の面接試験（口述試験）は、個人（個別）面接形式で行われます。通常は３名の面接官が受験生１人を呼んで、約10分～20分間行ないます。面接は、その場の雰囲気や話の展開で質問していく「自由面接法」と、あらかじめ決められた質問項目で進めていく「標準面接法」があります。どちらの場合でも共通しているのは、言葉づかいをはじめ面接マナーや態度などの「外面的な評価」と、質疑応答から「表現力」「判断力」「積極性」などの受験生のものの見方や考え方を確認します。基本的には事前に提出された面接カードを基に質問されますので、自分がどんなことを記入したのか、内容を忘れないように注意しましょう。

面接会場控室での注意点

1 奥からつめて座る（奥が空いていたら進んで奥に座る）。

2 待っている間は、他の受験生に話しかけない。

3 係員の指示は聞き逃さないように注意を払う。

個人面接の基本

個人面接では平均15分程度と時間が多く割かれるので、志望動機や自己PRから深く掘り下げた質問を投げかけられることがある。暗記した棒読み回答などは避け、面接官の問いかけをしっかり聞いて答える「会話のキャッチボール」を意識しよう。面接官が複数いて緊張する形式ではあるが、面接官全員に目を配りながら回答するように心がけよう。

個人面接

受験者の人数	1名
面接官の人数	3名前後
面接時間	10〜20分前後

面接は受験生の人となりを判断する手段。適度に大きな声と明るく元気な態度で、前向きで積極的な回答をして、誠意と熱意をアピールしよう。過度な緊張はマイナス要素だが、適度な緊張を持って臨みたい。

個人面接の基本的な流れ

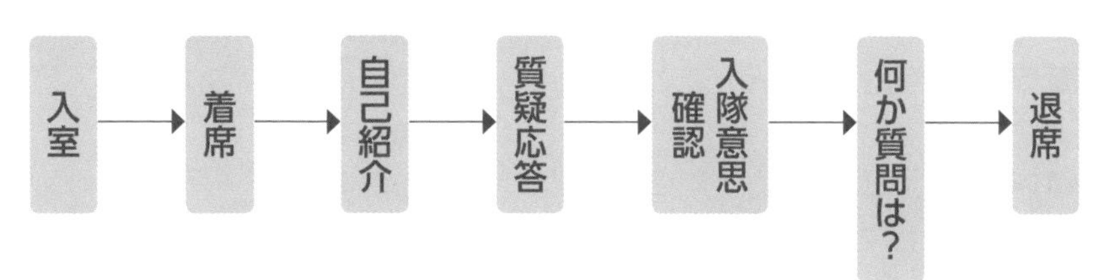

自衛官とはあくまでも「公務員」です。業務によっては、国民の代表として働く、あるいは国民を守る立場にもなるため、言葉づかいや礼儀作法は重要です。これをしっかり行えば高評価につながります。

面接カードの内容を把握しよう

面接カードは、面接官が受験者の人柄を知るうえで参考にする資料となります。そのため、記入した内容については、面接官から深く掘り下げる質問をされても、落ち着いて受け応えできるようにしなければなりません。あらかじめ掘り下げられる質問を想定して、自己分析や過去の実績確認などを行い、想定問答を整理しておきましょう。

また、面接カードは事前提出と当日記入の場合があります。事前提出のときは、記入内容を把握できるようにコピーを取っておきましょう。当日記入のときは、メモを見ないでも項目を書ききれる練習が必要です。記入時間は短く20分程度しか与えられない場合もあります。

CHECK 面接カードによくある記入項目

面接カードの書式は受験先によって異なるが、共通しているのは志望動機と学生時代に力を入れた事柄。必ず項目にあるのでしっかりと記入しよう。

■ **志望動機（やりたい仕事）**
受験先によっては、下記の3つに分類している。
①自衛官を志望する理由
②自衛官の中で、「陸上・海上・航空」のいずれかを志望する理由
③自衛官になってやりたい仕事

■ **自己PR**

■ **学生時代に打ち込んだこと**
（社会人になってから打ち込んだこと）

■ **学生生活で印象深かったこと**
（社会人になってから印象深かったこと）

■ **学業以外で力を注いだこと**
（仕事以外に力を注いだこと）

■ **卒業論文のテーマ**

■ **サークル・クラブ活動**
「主な大会の出場経験やコンクールにおける成績」など細かく項目がある。記入欄は大きいことが多い。

■ **得意科目**

■ **最近の関心事**

■ **長所・短所**

■ **趣味・特技**

■ **併願先**

■ **学校（職場）の所在地**
（当日記入できなければ、後日郵送になる）

■ **最近読んだ本**

■ **最近気になったニュース**

■ **職歴（アルバイト）**

面接カードの書式例

面接カード

<table>
<tr><td>受験番号</td><td></td><td>ふりがな
氏　名</td><td></td></tr>
<tr><td colspan="4">1　受験の動機について書いてください</td></tr>
<tr><td colspan="4">自衛官についてのイメージ・やりがい</td></tr>
<tr><td colspan="4">自衛官（陸上・海上・航空）志望の動機・理由</td></tr>
<tr><td colspan="4">自衛官としての抱負（採用された場合どのような仕事をしてみたいか、興味を持っているか）</td></tr>
<tr><td colspan="4">2　あなたの学校生活について書いてください</td></tr>
<tr><td colspan="2">好きな学科・理由、嫌いな学科</td><td colspan="2">加入したクラブ活動・サークル活動</td></tr>
<tr><td colspan="2">学生時代に打ち込んだこと
（具体的に）</td><td colspan="2">中学校から含めてこれまで経験した
役員・委員等</td></tr>
<tr><td colspan="4">3　自己PR</td></tr>
<tr><td colspan="4"></td></tr>
</table>

4　就職活動の状況（今年度の内容について記入してください）

受験した（予定の）職種	結果及び予定	志望順位

● 記入のコツ

- □ ボールペンで清書をする前に下書きを。
- □ 定規で補助線を引き行のバランスをとる。
- □ コピーして繰り返し練習するのも◎。
- □ まずは考え込まず思いついた内容を書く。
- □ 面接を想定しながら文章を清書していく。
- □ 面接カードの書き方について→P.162

学生生活については、細かく記入することが多いです。大学時代だけでなく、中・高校生時代についても記入を求められることがあります。部活や委員会、行事への参加など学生時代の活動をよく思い出しておきましょう。

面接マナーと身だしなみの基本

■「しっかりしている」という印象を与えるマナーを身につけよう
■「自衛官として住民と接しても問題のない身だしなみ」にする

基本マナーを守るだけで好印象になる

面接時の服装や立ち居振る舞いは、受験者なら気になるところでしょう。常識的な服装やマナーが備わっていれば、初対面である面接官は、まず安心するはずです。しかし、必要以上に丁寧な所作である必要はありません。

大事なことはキビキビと動くことです。面接官は受験者の日常生活のチェックポイントとして、入室から退出まで、立つときの姿勢やイスの座り方、目線の向きなど細かく見ています。自分の立ち居振る舞いを鏡で見ながら、練習して慣れておくといいでしょう。

好印象を与えるマナー①　あいさつ

好印象を与えるポイントは、自分から先に明るく元気よくあいさつすること。普段からまわりへのあいさつを心がけて習慣づけておくことが大切。

あいさつが元気だと、周囲の人は親しみが湧き、安心するもの。それは面接時でも同じ。面接官からあいさつしてこなくても、受験生の元気なあいさつは会場の雰囲気を明るくすることにもなる。

好印象を与えるマナー② 立ち方

過剰な堂々な姿勢ではなく、静かに自信を持った姿勢で立つ。両脚のかかとをつけて、つま先は握りこぶし1個分程度空ける。胸を反らすよりも背筋を伸ばして、天井からヒモで引っ張られているような意識を持って立つとよい姿勢になる。

● ポイント

- ■ 胸を反らすのではなく、背筋を伸ばす
- ■ 天井からヒモで引っ張られているイメージ
- ■ 肩の力を抜き、ほどよくリラックス
- ■ かかとを付けつま先は握りこぶし1個分開く
- ■ 手は指先まで意識して伸ばす

好印象を与えるマナー③ 座り方

イスに座る姿勢は、立っているときと同じように、天井からヒモで引っ張られているイメージで背筋をまっすぐ伸ばして、アゴを引いて座る。面接中は背もたれに背中をつけず、力を抜きすぎないように気をつけよう。手は男性の場合は軽く握り、女性の場合は、指先を伸ばし、手を重ねて、太ももの上に軽く置こう。

ヨコ

正面

女性

ヨコ

正面

● ポイント

- ■ イスの3分の2程度に腰かける
- ■ 足は肩幅くらいに開く
- ■ 手は柔らかく握り、太ももに置く
- ■ 肩の力を抜いてリラックス

● ポイント

- ■ イスの2分の1程度に腰かける
- ■ 足は開かずにそのまま下ろす
- ■ 両ひざは、常につけておく
- ■ 指先を伸ばし、手を重ねて太ももに置く

男性の身だしなみチェックポイント

男性

スーツ

色　リクルートスーツ(濃紺か黒)

サイズ　流行りのきつ目のサイズより、肩幅がきちんと合っているものが◎。ズボンの折り目が気になるなら、クリーニング店で加工しておく

チェック

- □ ズボンの折り目はきれいに出ているか？
- □ 前合わせのボタンは全部とめているか？
- □ ポケットのフラッグ（ふた）は入れるかしまうか統一しているか？
- □ 丈が短くないか？

※高校生の場合は学生服をチェック

顔・髪型

色　黒髪

長さ　耳にかからない程度の長さでおでこは出す。7:3や6:4分けや短髪が望ましい

チェック

- □ 寝癖やひげの剃り残しはないか？

ネクタイ

色　青や濃い赤など明るく見える色

チェック

- □ 結び目の大きさが、えりの形に合っているか？
- □ ネクタイの先はベルトの上にあるか？

※ネクタイ以外の装飾品（カフスボタンや高級時計）はNG

Yシャツ

色　白（インナーのTシャツも白で無地）

サイズ　首回りとそでは、人差し指が1本入る程度の余裕を

チェック

- □ シャツにしわがないか？
- □ えりやそでが黄ばんでいないか？

靴

色　黒のビジネス用紐靴が無難。靴下は濃紺か黒

チェック

- □ 靴に装飾はないか？
- □ 白い靴下、踝の見える短いソックスをはいていないか？
- □ 靴に汚れやキズがなく、磨いてあるか？
- □ かかとは目立つほどすり減っていないか？

面接会場へ行く前に鏡の前でチェックしよう！

女性の身だしなみチェックポイント

女性

ジャケット

色 黒、紺、チャコールグレー

サイズ ウエストがほどよく引き締まったもの。面接のときにサイズが気にならないもの

チェック

- □ ズボンの折り目はきれいに出ているか?
- □ 前合わせのボタンは全部とめているか?
- □ ポケットのフラッグ（ふた）は入れるかしまうか統一しているか?
- □ 丈が短くないか?

※高校生の場合は学生服をチェック

髪形・顔・メイク

色 黒髪

長さ おでこと耳は出るようにする。長髪の場合、一礼して髪が顔にかからないようにまとめる

チェック

- □ ナチュラルメイクになっているか?

※ネイルアートはNG

ブラウス

色 白

種類 ジャケットとの相性やえりの開き具合を見て、美しく着こなせるもの

チェック

- □ しわになっていないか?
- □ えりやそでは黄ばんでいないか?

※イヤリング・ピアス・ブレスレット・ネックレスなどの装飾品はNG

スカート・パンツ

長さ スカートは、座ってひざ上が出ない丈が目安

種類 丈が気にならないパンツスーツが無難。ミニスカートは避ける

チェック

- □ パンツの折り目は美しく出ているか

靴・ストッキング

色 靴は黒。ストッキングは肌の色に近いもの

種類 パンプスがベスト。ヒールなら3~5cmと低めで疲れにくいものにする。ストッキングは柄のないもの。見えにくい部分の伝線に注意する

正面だけでなく側面、背中もチェックしよう!

言葉づかいのマナー

■ 失礼のないよう丁寧な言葉づかいを普段から心がけておく
■ 丁寧語、尊敬語、謙譲語を適切に使い分けられるように

ヘンな言葉づかいはマイナス印象

面接で自然に敬語を使えれば面接官によい印象を与えられます。しかし、敬語を使い慣れていない人は、急に使おうとしてもかえって不自然な言葉遣いになりがちです。面接官はすべての敬語の正しい用法を確認しているのではなく、相手に失礼のない「丁寧な言葉づかい」を使えるかどうかを見ています。

自分・身内・相手の呼び方

まず注意したいのが「自分」の呼び方。必ず私と言う。父や母など家族、身内は「さん」をつけない。また、自分や家族の動作は謙譲語を使う。相手の人には「さん」をつけて、動作には尊敬語を使う。

一人称
○ 私
× 俺、ぼく、自分

三人称
○ 父、母、兄、姉
× 父さん、母さん、お兄ちゃん、お姉ちゃん

丁寧語

丁寧語は話し手（受験者）が、相手（面接官）へ丁寧な気持ちを表す言葉。語尾に「○○です、○○ます」をつける。「○○でございます」も丁寧語だが、通常の話し言葉にはそぐわないので避けよう。

× サッカー部に所属していた。
○ サッカー部に所属していました。

× 私は映画観賞が好きだ。
○ 私は映画観賞が好きです。

尊敬語と謙譲語

尊敬語

尊敬語は、話題となる人物の動作・存在の主体を高め、話し手がその人物に敬意を表す言葉。「会う」を「お会いになる」のように「お（ご）～になる（なさる）」と変えたり、「休む」を「休まれる」のように動作に「れる・られる」をつける。

謙譲語

謙譲語は、自分の動作・存在の主体を低めて（へりくだって）、聞き手に対して話し手が敬意を表す言葉です。主な例では「会う」を「お目にかかる」や「休む」を「お休みさせていただく」のように「お（ご）～する（いたす）」と変える。

● よく使う尊敬語と謙譲語

語　句	尊敬語	謙譲語
言う	おっしゃいます	申します・申し上げます
する	なさいます	いたします
行く	いらっしゃいます	うかがいます・まいります
見る	ご覧になります	拝見します
いる	いらっしゃいます	おります
食べる	めしあがります	いただきます
知る	ご存じです	存じています・存じ上げます
聞く	聞かれます・お聞きになります	うかがいます・うけたまわります
読む	お読みになります	拝読します

CHECK 言葉づかいは慣れが重要

敬語の使い方は、言葉の種類を頭に入れておくとともに、日常生活でも使うように心がけるとよい。また、語尾伸ばし・語尾上げ口調や「めっちゃ」や「マジで」などの若者言葉、早口なども気をつけることが重要なポイントとなる。

入退室の流れと立ち居振る舞い

■ 不安を表情に出さないように、明るく元気に振る舞う
■ 一つひとつの動作にメリハリをつけ、キビキビと動くように心がける

入退室は明るく元気に行おう

面接会場への入退室のときに印象をよくするには、メリハリのある行動がポイントになります。面接時の一連の動き「あいさつ→お辞儀→歩く」は、一つひとつ丁寧に行うことを心がけましょう。お辞儀をして、顔を上げないうちに席に向かう受験生がいますが、あまり印象はよくありません。

大事なことは、面接官に「この人物は明るくて、元気がいい受験生だ」と印象づけることです。不安がにじみ出ているような表情や振る舞いは避けるようにしましょう。面接官は一緒に働くことを前提にして「業務を遂行できる資質を持っているか」という視点でも受験者を見ているので、立ち居振る舞いに注意して面接に臨みましょう。

入退室時にやってはいけない立ち居振る舞い

- 足を引きずるように歩く
- 聞きとりにくいノック、必要以上に強いノックにしない
- 後ろ手でドアを閉める
- あいさつが聞きとりにくく、元気がない
- 姿勢が悪く、お辞儀の角度が中途半端
- 面接官と視線を合わさない

入室から退出までの流れ

面接時の入室から着席までの流れをおさらいしましょう。お辞儀、歩く、あいさつを丁寧に区切って行い、キビキビした動作を心がけましょう。

入室

1. 部屋にいる面接官に聞きとりやすいノックをする
2. 「どうぞ」と言われたら、ドアを静かに開ける
3. 入室前に元気に「失礼します」と挨拶をする
4. あいさつを終えてから、お辞儀をして入室する
5. ドアは体を振り返り、手を添えてゆっくり閉める
6. 再び「失礼します」とあいさつしてから、お辞儀をする
7. 入り口に近いイスの横まで進む
8. 面接官に「受験番号○○番、○○です。よろしくお願いします」と元気よくお辞儀をする
9. 「どうぞ（おかけください）」と言われたら「ありがとうございます。失礼します」と答え、再びお辞儀
10. お辞儀の後は顔をしっかり上げてから着席する。このとき面接官に背中を向けないように注意

CHECK 入退室の細かなポイント

●ノックの回数

- ■面接官が気づく強さで2、3回ノックする
- ■ノックの後は最大30秒程度待つ、短時間でノックを繰り返さない
- ■ドアのない会場では、ノックの代わりに元気なあいさつをして入室

●あいさつ、お辞儀の仕方

- ■明るさや元気さを念頭に、少し大きい声であいさつをする
- ■お辞儀をするときは、顔を下げる前と上げたときに面接官と視線を合わす

●カバンを持っているとき

- ■片手でドアを閉めてもOK
- ■肩かけカバンは、肩から下ろして片手で持つこと

面接終了から退室の流れまで

面接終了

1. 面接官から「それではこれで終了します。本日はありがとうございました」などと、面接の終了を伝えられる
2. 着席したまま「はい。本日はありがとうございました」とあいさつする
3. イスの横に立ち「本日はお忙しい中、ありがとうございました」とあいさつし、お辞儀をする
4. ドアの横まで歩き、上半身だけでなく全身を面接官のほうへ向ける
5. 「本日はありがとうございました。失礼します」とあいさつしてから、再びお辞儀をする
6. ドアを開けて退室する
7. 入口に立って振り向いてから軽くお辞儀をし、ゆっくりドアを閉める

退室

もしも「今日はうまくできなかった」と思っても、退室してドアを閉めるまで神経を集中！　面接官は心が折れずに立て直そうとする姿勢も見ています。

きれいに見えるお辞儀を身につけよう

きれいに見えるコツは、それほど難しくはありません。一つひとつの動作にメリハリをつけることです。つまり「あいさつしながらお辞儀」「歩きながらお辞儀」など、「ながら」動作をしないこと。次の動作を意識しすぎていると、慌ててしまったり、過度の緊張で、ついつい行ってしまう人も少なくありません。鏡を見ながら、一つひとつの動作を確認し、体で覚えるようにしましょう。

好印象を与えるお辞儀の仕方

1 あいさつする

POINT

元気よく大きな声であいさつする

2 腰から曲げて頭を下げる

時間 1秒

POINT

軽くおしりを後ろに突き出すイメージで腰から曲げて、頭から腰まで真っすぐになるようにする

3 頭を下げたまま静止する

時間 2~3秒

POINT

腰を軸にしてひらがなの「く」の字になるように意識する。頭を下げているときは、しっかりと静止する

4 頭を上げる

時間 4~5秒

POINT

腰から頭へとゆっくり体を起こすイメージ。ひと呼吸の間を置いてから、面接官と視線を合わす

お辞儀をするタイミングを覚えよう

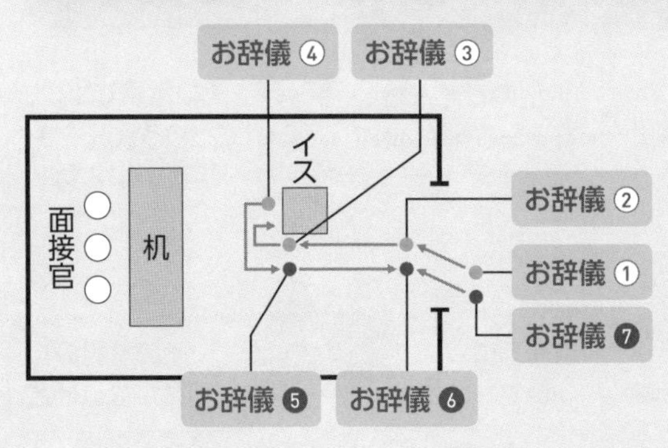

左の図①~⑦は、お辞儀をするタイミングを示したもの。①~④は面接前、⑤~⑦が面接後のお辞儀の場面。特に③の名乗るとき、⑤・⑥の面接のお礼を言う場面では、丁寧に深くお辞儀をしよう。

圧迫面接を乗り切る方法

■ 圧迫面接はストレス耐性を見ているだけ、怖がる必要はなし
■ 面接官の言葉をまず受け入れ、粘り強く誠実に対応

冷静で辛抱強い対応力があるかどうか

面接の方法には、受験生の発言に揚げ足をとったり、常に否定する質問を繰り返し行う「圧迫面接」と呼ばれるものがあります。自衛官の面接試験には、採用されていないケースがほとんどのようですが、もしものためにどういうものかは理解しておくとよいでしょう。

なぜ、このような面接を行うかというと、仕事上でのストレス耐性を面接段階で確かめたいからです。そのため、間違っても怒りや不快感などのネガティブな発言をしてはいけません。「ストレスを与えるとすぐ怒る」などと判断されてしまいます。嫌な質問をされても「忍耐力と自衛官志望への強い決心が、試されているんだな」と心に言い聞かせて、冷静に対応しましょう。

圧迫面接でよく投げかけられるフレーズ

揚げ足をとるフレーズ

意見や体験談の矛盾や説明不足を指摘したり、頭ごなしに否定し、受験生のストレス耐性を確認している。

繰り返される否定のフレーズ

受験生がどんなに誠実に答えても、面接官はまるで話を受け流すかのように否定的な言葉を繰り返すことで、受験生のストレス耐性を確認している。

FAQ 圧迫面接に関するよくある質問に答えます

Q1 圧迫面接だとわかったら、どう対応すればいいですか？

A1 相手の発言は、まず受け入れましょう。むやみに反論するとさらに反対意見を言われます。「確かにおっしゃる通りです。勉強不足でした」「申し訳ありません。ご意見を考慮して考え直すべきだと痛感しております」と意見を受け入れて、粘り強く受け応えしましょう。

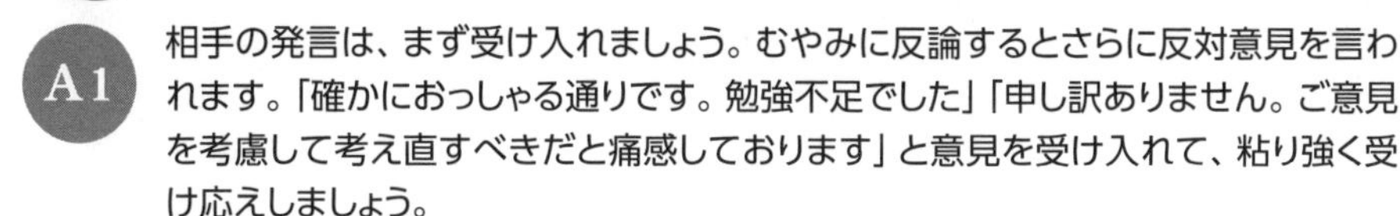

Q2 怯えて何も言えなくなってしまったら、どうすればいいですか？

A2 厳しい質問を受けて、なかには黙り込んだり、泣いてしまう受験生もいるようですが、少しでも質問に答えましょう。面接官の発言は本心ではなく、受験者の志望の決心を見ていると受け止めましょう。もし動揺してしまったら、早く立ち直る姿を見せることが大切です。

Q3 「あなたは自衛官が第一志望じゃないよね」と言われたらどうすればいいですか?

A3 「いいえ、志望動機でも申し上げた通り、私の第一志望は自衛官です。誤解なされたかもしれませんが、どんな仕事よりも自衛官になりたいという強い気持ちを持っています」などと答え、自衛官に対する前向きな姿勢を、元気にアピールしましょう。

CHECK わからない質問を何度もされたら？

知識不足で質問に答えられないときは、謝罪の姿勢を素直に表す。面接官はさらにたたみかけてくる場合もあるので、続けて質問をされた際の答え方を紹介しよう。

1回目 「申し訳ありません、勉強不足でした。早速、帰宅中に考え方を整理したいと思います」

2回目 「はい、すみません。それも知りませんでした。答えられるように勉強しておきます」

3回目 「本当に申し訳ありません。それも知りません。勉強不足だと痛感しました。今後の課題として、しっかり調べておきます」

重要なのは自分の非を認める「誠実な対応」。しかし、対応が卑屈になっても印象は悪いので堂々と対応することを心がける。

陥りがちな失敗例

■ 自分以外の人にチェックしてもらい失敗につながるクセを認識する
■ 面接前の控室や面接後も気を抜かず、周囲に気を配る

ついやってしまう失敗

日常のクセが抜けきらず、面接でついついやってしまう失敗があります。そのようなクセは、自分では気づかないことも多いので面接練習や面接ノートを周囲の人にチェックしてもらいましょう。クセ発見の一番有効な手段です。また、以下によくある失敗例を挙げましたので、それを確認し、同じ失敗をしないよう心がけましょう。

面接カード

失敗例

✕ 志望動機欄に誤字脱字がある
✕ 文字列が斜めになって読みづらい
✕ 読み返さないと主旨が伝わらない
✕ ふりがなの指示を守っていない

同じ内容でも、きれいに書けていればそれだけで点数が違う

身だしなみ

失敗例

✕ 見えにくい場所に寝癖がある
✕ スーツのボタンを全部締めない
✕ シャツにシワや黄ばみがある
✕ 靴にキズがあり磨いていない

不快感を与えない、清潔感のある身だしなみを心がけよう

言葉づかいとマナー

失敗例

× 面接官の発言を最後まできちんと聞いていない
× 発言時にうつむいている
× 敬語の使い分けが適切でない
× 質問に対して質問で返す

質問に上手く答えられなくても、何とか答えようとする熱意が重要

入室～着席～退室

失敗例

× ドアを後ろ手で閉める
× 促されるまで挨拶をしない
× 言葉と動作を同時にしてしまう
× 靴を引きずるように歩く

キビキビした動作が大切。日頃から自分の姿勢を意識しよう

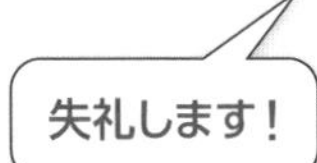

圧迫面接

失敗例

×怒りを露わにする
×沈黙してしまう
×言葉づかいが雑になる

不快感などは見せず、前向きな姿勢を見せよう

係員は広報官である場合がほとんどです。全員を合格させようと、リラックスしてもらうために努力してくれています。事前に地方協力本部に出向き、アドバイスを貰っておこう。そうすれば、当日、顔見知りになった広報官にも会えることもあります。

Column 3

合格者インタビュー③

● 面接本番で失敗してあせってしまったことはなんですか？

身だしなみが乱れていたのを指摘された

前日の準備で靴磨きまで気が回らずに、汚れたまま面接会場に。また、当日も寝癖がついたままの髪で面接に臨んでしまいました。面接前に気付き、これは落ちたと思いましたが、何とか合格できました。学生時代にはあまり気にしないので忘れがちですが、身だしなみやあいさつなど、基本的な部分は見られているので気をつけたほうがいいと思います。

控室でのおしゃべりを注意された

面接の順番を待つ控室で、隣になった受験生と話が合い、ついついおしゃべりしてしまいました。比較的大きな声になっていたことに気づき、もうダメかも、と思いましたが、面接ではあきらめずに元気よく受け応えしました。結果は、なんとか無事採用。ちょっとしたミスでくよくよせず、最後まであきらめないで意欲をアピールするのが大事だと感じました。

回答にいろいろ突っ込まれてあせった

自衛隊は、圧迫面接などはないと聞いていたので気楽に考えていました。ところが、私の担当になった面接官のうち一人の方は、丁寧な方で、希望の職種を答えたら、職務内容を知っているか、どうなりたいかなど細かく突っ込まれました。答えを用意していなかったのでかなりあせりましたが、知識不足を認めて、入隊したい熱意を繰り返し伝えることで何とか合格できました。

Chapter

自分の答えをつくる方法

面接試験は、筆記試験や体力試験と違って、決められた答えや超えるべき基準がはっきりしていません。つまり、模範回答を覚えていっても意味がないのです。与えられる質問に対して、いかに自分らしく答えられるか、その準備の仕方を紹介します。

自分の回答を準備する

■ 自分の言葉で話せる、自分にとってのベスト回答をつくろう
■ とにかくネタを挙げられるだけ出し、優先順位をつけてみよう

自分の回答は自分でしかつくれない

「面接官に好印象を与える」ことばかりを考えると、「自分の回答」へのハードルが高くなってしまいます。面接官は「正解」を求めているわけではありません。あなたがどんな人で、一緒に働く仲間としてふさわしいかどうかを見極めたいのです。大事なのは、自分のことを自分の言葉で面接官にわかるように伝えること。相手に伝わる回答は、借りものではつくれません。苦労しながら自分史を磨いていくことで、必ず自分らしい、オリジナルの回答がつくれます。ここでは回答づくりの具体的な方法を紹介します。基本をしっかりと習得して、「オンリーワン」の回答をつくっていきましょう。

伝わる・説得力のある回答をつくる4ステップ

説得力のある回答にするには、「具体性」が何よりも重要。まずは自分の性格や体験をブレインストーミングで「いらない話」も含めて出しきり、それを基にして整理し、説得力のある回答にグレードアップさせよう。

STEP 1 ブレインストーミング
思いつく限り、自分のことを書き出す

STEP 2 5W1H
6つの質問で情報を整理してから回答をつくる

STEP 3 新聞記事を要約する
表現方法、表現のポイントを学ぶ

STEP 4 模擬面接で練習
本番を想定した練習を繰り返して、どんな質問にも回答できるようにする

STEP 1 ブレインストーミング

ベストな回答をつくる最初のステップが「ブレインストーミング」です。集団で自由に意見を出し合って新しいアイディアを生み出す発想法のことで、他者の刺激でより意見が活発化するのですが、1人でも行えます。とにかく思いつく限り、時間を区切って次々とスピーディーに出してみましょう。

ブレインストーミング手順

❶ とにかく深く考えず、気軽に書く。誰かに見られるわけではないので、頭に思い浮かぶままを短いセンテンスで書き連ねていく

❷ 面接に使えるかどうかではなく、強く印象に残っている事柄を飾らずに書く

❸ 制限時間を10分にし、徹底的に集中する。そうすることで突然思い出すこともある

❹ 手が止まった時点で終了する。勢いがつけば10分を超えてもかまわない

手順具体例  Aくんのブレインストーミング

ここでは「力を注いだことは何ですか？」という質問に対する回答づくりに悩む大学生Aくんの例を見てみます。次のようなことを書き出しました。

- アルバイト（ファミレス）
- アルバイト（家庭教師）
- アルバイトで貯めたお金での中国旅行
- 英検の勉強（2級に落ちた）
- 刑法の授業（法律が難しかった）
- 英語の授業（宿題が多かった）
- 通学時間が長い……片道2時間
- テニスサークル（最初の1年だけで幽霊部員になってしまった）
- ゼミの日本外交史について（人前での発表に緊張した）

ネタに困った日には、早めに切り上げてぐっすり寝ること。頭がすっきりした翌日、再び取り組んでみましょう。学生生活を通じて、自分の心に残った出来事を1つでも多く出していきます。挙げられるだけネタを出した後、そこから優先順位をつけていきます。

優先順位をつける方法

❶ ブレインストーミングで書き出したネタのすべてに、A~Dのランクをつけてみる
❷ 一番ランクが高いものを選ぶ。最上位ランクのネタが複数ある場合は、その中でさらに優先順位をつけ、最上ランクのものを選ぶ。

● ランクづけの目安

Aランク	とても○○なもの 「とてもがんばったな！」「とても充実していたな」と思うネタ。
Bランク	少し○○なもの 「まあまあがんばったな」「かなり苦労したな」と思うネタ。
Cランク	判断に迷うもの Bでもなく、Dでもなく、判断しづらい迷いのあるネタ。
Dランク	まったく○○でないもの 「楽だったな」「困難ではなかったな」と思うネタ。

手順具体例

Aくんが書き出したネタをランクづけ

ブレインストーミングでネタを書き出したAくん。次は、すべてのネタに面接で使えそうなものを選別し、A~Dのジャンル別に分けていきます。

Ⓑ アルバイト（ファミレス）
Ⓑ アルバイト（家庭教師）
Ⓐ アルバイトで貯めたお金での中国旅行
Ⓑ 英検の勉強（2級に落ちた）
Ⓑ 刑法の授業（法律が難しかった）
Ⓒ 英語の授業（宿題が多かった）
Ⓓ 通学時間が長い……片道2時間
Ⓓ テニスサークル（最初の1年だけで幽霊部員になってしまった）
Ⓑ ゼミの日本外交史について（人前での発表に緊張した）

優先順位がつけられたら、次のステップに進みます。「達成したいと思った」「大変だった」「充実していた」といったジャンル分けすると、優先順位がつけやすくなるでしょう。この段階ではランクの数に偏りがあっても構いません。

STEP 2 5W1Hで回答づくり

5W1Hとは「なにを（What）、だれが（Who）、いつ（When）、どこで（Where）、なぜ（Why）、どのように（How）」という6つの情報。これを押さえれば、言いたいことをわかりやすく伝えられる。Chapter4~6の面接質問に対し、5W1Hを押さえた回答をつくる練習を行おう。

5W1Hの手順

❶ 面接質問を用意し、紙にWhat、Who、When、Where、Why、Howと書く。

❷ その横に、自分の経験を当てはめて5W1Hの答えを書き出す。

❸ 書き出した答えをつなげて1つの文章になるよう回答をつくる。

手順具体例

Bくんの5W1H

高校生Bくんは、ブレインストーミングで自己PRに使えそうなネタとして、「サッカー部でのエピソード」を選択。この経験を、5W1Hの6つのポイントで整理してみよう。

WHAT なにをやった？

ディフェンダーとして、前半に取った1点を守り切って勝った。

WHAT だれが？

私が。

WHEN いつの話？

高校2年の秋、高校選手権の県大会の準々決勝で。

WHERE どこで経験した？

県の総合グラウンドで。

WHY なぜそうできた？

2年間の苦しい練習を乗り切ることで、体力も精神力も鍛えることができたから。

HOW どのようにそれをやった？

仲間と連携し、指示を出し合いながら、最後は気力で走って守った。

Do it! 組み合わせる方法

まず、書き出した6つのポイントを並べて、それらを組み合わせて1つの文章にまとめてみる。内容によっては、無理に6つの要素を全部使わなくてもよい。その1つの文章を柱にして、アピールしたい部分、説明不足の部分を加えていく。

Bくんの5W1H回答を組み合わせる

「サッカー部でのエピソード」について、5W1Hの質問で出てきたBくんの回答。これらを組み合わせることで、自己PRに活用できる文章としてまとめてみよう。

- ディフェンダーとして、前半に取った1点を守り切って勝った。
- 私が。
- 高校2年の秋、高校選手権の県大会の準々決勝で。
- 県の総合グラウンドで。
- 仲間と連携し、指示を出し合いながら、最後は気力で走って守った。
- 2年間の苦しい練習を乗り切ることで、体力も精神力も鍛えることができたから。

私は高校ではサッカー部に所属していました。そこで一番思い出に残っているのが、高校2年の秋に行われた高校選手権の県大会の準々決勝で勝ったことです。その試合は、サッカーで有名な■■高校が相手だったのですが、私はディフェンダーとして起用され、仲間が前半に取った1点を守り切って勝つことができました。強い相手だったので厳しい試合展開だったのですが、仲間と連携し、指示を出し合いながら、最後は気力で走って失点を防ぐことができました。それは、放課後の練習のほか、毎日仲間と自主的に朝練も行って走るスピードを上げるなど、2年間の苦しい練習を乗り切ることで、体力も精神力も鍛えることができたからだと思います。その体力と精神力を活かして、厳しい訓練にも耐え抜き、自衛官として国民を守っていくつもりです。

❶ 具体的な数字があってわかりやすい。

❷ 具体的な理由があり、説得力がある。

面接官の気持ちを惹きつけるためには、目の前に情景が思い浮かぶように、具体的にわかりやすく話をすることが大切。それには、5W1Hを使って考えるのが有効だ。1つのエピソードを深く掘り下げ、面接官に存分にアピールできるようにしよう。

STEP 3 新聞記事を要約する

自分の言いたいことを分かりやすく伝えるには練習が必要。効果的なのが新聞記事の要約だ。時事問題などの記事を半分くらいの量に縮めてみよう。できた文章を友人や家族、学校の先生などに見てもらって意見を言ってもらえば、言いたいことを伝える力や作文力を養成できる。10回以上は練習を。

新聞記事要約の手順

❶ 段落ごとに必要な言葉を抜き出して、それを組み合わせて文章にする

❷ いくつかの特徴や事実が並べられているときは、一言でまとめる

❸ 具体的な名前や数字は、必要なものと不要なものに分けてピックアップ

❹ まとめるときは5W1Hに当てはめながら書いて、読み直して修整する

手順具体例

Cくんの新聞記事要約 その①

新聞やニュースサイトに掲載されている記事の中から、時事問題を扱った記事やコラムなど、適当な長さのものを選んで、半分くらいの量に縮めてみる。

新聞記事

経済協力開発機構（OECD）のアンドレアス・シュライヒャー教育・スキル局長が27日、東京都内の日本記者クラブで会見を行い、OECDが9年ぶりに作成した日本の教育政策に関する報告書の説明を行った。この中で、子供のネット依存増加に懸念を示した。

報告書では15歳以下の子供に対する調査で、スマートフォンなどを通じたインターネットから離れると「不安に陥る」の回答が男女ともに約半数を占めた。シュライヒャー氏は、先進国の中で日本は比較的低い数値ではあるものの、ネットに依存する子供は年々増加していると指摘。「今は知らないことをネットで検索する時代だが、それが正しい情報かを検証することは難しい」と述べた。－静岡新聞より－（295文字）

要約

OECD（経済協力開発機構）は、子供のネット依存に関する懸念を示した。報告書では15歳以下の子供でインターネットから離れると「不安に陥る」という回答をしたのは、約半数を占めた。また、日本は比較的低い数値であるもののネットに依存する子供は年々増加していると指摘した。（131文字）

手順具体例  Cくんの新聞記事要約 その②

文字量をいきなり半分に要約するのが難しければ、まず、重要な部分を箇条書きにしてみるとよい。そこから選びながら組み合わせれば、文章もつくりやすい。

新聞記事

経済協力開発機構（OECD）のアンドレアス・シュライヒャー教育・スキル局長が27日、東京都内の日本記者クラブで会見を行い、OECDが9年ぶりに作成した日本の教育政策に関する報告書の説明を行った。この中で、子供のネット依存増加に懸念を示した。

報告書では15歳以下の子供に対する調査で、スマートフォンなどを通じたインターネットから離れると「不安に陥る」の回答が男女ともに約半数を占めた。シュライヒャー氏は、先進国の中で日本は比較的低い数値ではあるものの、ネットに依存する子供は年々増加していると指摘。「今は知らないことをネットで検索する時代だが、それが正しい情報かを検証することは難しい」と述べた。－静岡新聞より－（295文字）

要約

- 経済協力開発機構（OECD）が日本の教育政策に関する報告書の説明を行った。
- アンドレアス・シュライヒャー教育・スキル局長が説明を行った。
- 15歳以下の子供に対する調査
- 子供のネット依存増加に懸念
- インターネットから離れると「不安に陥る」が男女ともに約半数を占めた。
- 先進国の中で日本は比較的低い数値
- ネットに依存する子供は年々増加している
- 今は知らないことをネットで検索する時代
- ネットの情報が正しい情報かを検証することは難しい

本書掲載回答例も要約してみる

新聞要約は、わかりやすい文章のつくり方を学びながら、時事問題への準備にもなるおすすめの訓練法。本書のQ&A（P.84~159）の「本気度が伝わる回答例」の要約もおすすめだ。要約することで、なぜこれが「伝わる回答例」なのか、そのポイントが見えてくる。どういった要素が含まれているのか、自分の回答と見比べてみるのも効果的。

STEP 4 友人や家族に頼んで模擬面接で練習

STEP1~3を何度か繰り返し、面接ノートをつくってまとめておけば、少しずつ自分の回答ができてくるはず。そこまで準備ができたら、最後に本番の面接に近い状況での練習を積んでおこう。友人や家族などに面接官の役をしてもらい、想定される質問をしてもらって答える、というロールプレイングだ。

模擬面接の手順

❶ 本書のQ&A（P.84~159）など、質問を用意

❷ 友人や家族などに面接官役をしてもらい、質問に答える

❸ 気になった点やあいまいな回答にも突っ込んでもらい、だめなところは改めて準備

❹ 1回15分を何度も繰り返せば、どんな突っ込みにも慌てず対応できる

手順具体例  Dくんと友人の模擬面接

模擬面接（ロールプレイング）は、面接度胸をつけるうえでもとても大切。少し気恥ずかしいかもしれないが、自衛官になりたい気持ちが強ければできるはずだ。

友人（面接官役）
なぜ自衛隊を志望するのですか?

Dくん
はい!　国民を守りたく志望しています。
また、地震の多い日本で救助活動などの仕事にも、……

友人（面接官役）
なぜそう思うようになったのですか?

Dくん
はい!　危険な場所にも駆けつけ、
国民を守り、助けるその姿に心を打たれ、私も……

模擬面接の様子はビデオやスマートフォンで録画して、あとで自分の受け応えを客観的に見てみるといい。言いたいことが言えてなかったり、意外に声が小さかったり、姿勢が崩れてきたりと直すべき点がたくさん見つかるはずだ。

Column 4

面接官のホンネ①

一緒に働きたいと思える人物かどうかを知りたい!

面接では、「この人と一緒に働きたいと思えるかどうか」を基準に、どんな人物なのかを見ています。自分を普段以上に見せようとする受験生が多いですが、過去に採用した人物の面接での対応と、入隊後の姿を知っているので、実際にはどの程度意欲があるのかは話をしてみればだいたいわかります。ですから、苦労したことや趣味の話など、本当の人柄が現れるような話を聞きたいですね。

マニュアルっぽい回答では意味がない

何度か面接官を務めると、だいたい最初の数分の印象で採用される人かどうか、ある程度わかるようになってきます。面接でのやりとりは、話の中でその人で大丈夫かを確認したり、逆に採用する理由を見つけたりする作業ですね。面接官としては、中身のないマニュアル通りの回答をされるとわかるので、本気で志望していないのかなと感じます。気持ちが伝わる本音の回答をしてほしいですね。

マニュアル通りの回答はすぐわかる可能性があるから気をつけよう。自分を繕いすぎず、自分の人柄を伝えられるエピソードをしっかりと準備しておこう。通学に2時間かかる山の中に住んでいる人は、無遅刻無欠席だった話をするだけで、どの面接でも感心されて盛り上がったそうだ。趣味や部活の話も盛り上がりやすいので、積極的に話題にしてみよう。

Chapter

4

自分の言葉でつくるベスト回答
―自己PR・意欲編―

面接では、さまざまな質問が投げかけられますが、それぞれの質問の裏には何かを明らかにしたいという面接官の目的があります。Chapter 4では、受験者の長所や自衛隊の仕事に対する意欲を探る質問について、どんな回答の仕方があるのか見ていきましょう。

自己PRのつくり方

■ 自分の長所を面接官にわかりやすく伝えたい
■ 長所を具体的に示せるエピソードを用意しよう

面接のメインとも言える自己PR

自己PRは、自分の長所を面接官にわかりやすく伝えるもの。短い時間で「この人のことを知りたい」「この人と働きたい」と思わせるものを用意しなくてはならない。そのためには、まず過去の経験を思い出したり、人の意見を聞いたりして、自分の長所をリストアップする。それができたら、それらの長所の中で一番いいと思うもの、あるいは面接官に一番受けそうなものを一つ決める。そして、その長所を自分が持っていることがわかるよう、具体的なエピソードを通して伝えられるようにしたい。言葉づかいは背伸びしすぎず自分の言葉で、また前向きではあっても自慢気には聞こえないように、話す練習をしよう。

自己PRをつくるためのステップ

何の準備もなしに、いきなり「自己PRをつくろう!」と考えても難しい。次ページで具体的に説明する3つのステップを順にこなしていけば、面接官に伝わりやすい自己PRをつくることができるはずだ。

STEP 1 自分の体験をリスト化する（ブレインストーミング）

STEP 2 自分の長所を挙げて、一つに絞る

STEP 3 自分の長所を説明できるエピソードを選ぶ

STEP 1 ブレインストーミングで自分の体験をリスト化

過去３年間くらいで自分が経験したこと、意図して体験したことなどを思い出し、箇条書きでよいのでリストアップしていく。できれば１人でやるのではなく、家族や友人と話しながら一緒に思い出してもらうと、客観的な意見が聞けてよいだろう。

(例)
部活：サッカー部 ── 県大会出場
└ 部長になる
アルバイト：コンビニ ── バイトリーダー
└ トラブル解決

STEP 2 自分の長所を挙げて、一つに絞る

リスト化した体験を見ながら、自分の「長所」を挙げていく。そして、その中から、もっともアピールできそうなものを一つだけ選ぶ。自己PRでは長所を一つに絞り、それをしっかりとアピールしたほうが相手に伝わりやすい。数多く挙げると印象が薄くなってしまう。

✖ダメな例

私はコミュニケーションが得意で、真面目で、辛抱強く～

受験生のキャラクターが見えづらい

STEP 3 自分の長所を説明できるエピソードを選ぶ

自己PRで話す長所を１つ決めたら、それを具体例で説明できるエピソードを用意する。たとえば、「責任感が強い」という長所と「サッカー部の部長を務め、チームを引っ張り、その結果、県大会でベスト４になった」という話を結びつけ、自分の言葉で話す練習をしよう。

長所は「責任感が強い」
↓
サッカー部で部長を務めた

自己PRで長所を話すと、短所を聞かれることがある。この場合、そのまま短所を答える必要はない。たとえば、長所が「真面目で一生懸命」なら「真面目すぎて堅物といわれる」など、長所の裏返しのような話で乗り切ろう。

Q.01 自己PRをお願いします

面接官は受験生と初対面です。この受験生にどんな特徴があるのかを端的に知りたがっています。同時に自己分析がしっかりできているかについても判断します。

ダメな回答例

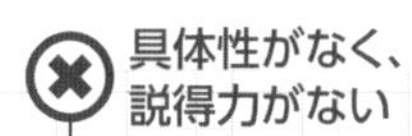

私は小学生の頃よりサッカーをやっていて、高校でもサッカー部に所属していました。スポーツが強い学校ではありませんでしたが、めげずに練習に励んでました。部員はたくさんいましたが、スタメンに選ばれることもあり、たぶんそういった自分のがんばりが認められた結果だと自負しています。自衛官になっても頑張ります。

例がなく抽象的なので
どうがんばったのかが見えてこない

「別に」「たぶん」など

あいまいな表現はNG。また、中途半端な発言は怪しい印象を与えてしまう。

ワンポイントアドバイス

数値（何年間や何回など）や固有名詞（「犬」ではなく「ブルドッグ」など）を入れて、エピソードに具体性を持たせることが重要。サッカーの経験年数や部員数、何をどうがんばって、結果としてどういう評価や功績を得たのかなど、具体的な説明が抜け落ちないよう注意しよう。

フォローアップ

発展質問 ほかにも自己PRがあれば教えてください。

狙い 追加で質問することで受験生のほかの特徴を探るのと同時に、本心も見ている。

答え方 動揺せず、同じようにエピソードをまじえて、自分の長所を伝えよう。

本気度が伝わる回答◎

はい！ 責任感があり、努力家であるのが私の強みです。【面接官：その根拠は?】小学6年生からサッカーを始め、高校も3年間サッカー部に所属していました。決して強いチームではありませんでしたが、他校に負けない練習メニューを研究し、それを取り入れ、結果、黒星続きだった練習試合でも勝てるようになりました。【その経験から何か学んだことはありますか?】この経験を通じて私は、責任感の大切さ、努力し続けることの大切さを学びました。自衛官になっても、この経験を忘れず、成長し続けて国民の生命と財産を守っていきたいと思っています。

① 結論を先に述べている

プロセスを説明するより結論を先に述べることで、話がわかりやすくなっている。また、「何についての話か」「何をして何を得たのか」ということを順序立てて話しているので、聞いている側はより理解がしやすくなる。

② 具体例を用いている

「練習試合でも勝てるようになった」、「練習メニューを研究した」などの具体例を用いているのでリアリティが出ている。注意したいのは一番最近（大学生なら大学時代、高校生なら高校時代）のエピソードを語ること。

5W1Hでつくる自分の回答「自己PR編」

		ー回答メモー
WHAT	あなたの強みは何?	
WHO	誰がその強みを評価してくれましたか?	
WHEN	いつその強みを発揮しましたか?	
WHERE	どこでその強みを発揮しましたか?	
WHY	なぜそれを強みだと思うのですか?	
HOW	どのようにそれを仕事に活かしますか?	メモを組み合わせて回答をつくろう！ 回答のつくり方は→P.71～

Q.02 あなたの長所と短所を教えてください

質問の狙い! 自衛隊という組織の中で、うまくやっていける人物かどうかを判断しながら、自己PR同様に自己分析がしっかりとできているかについてを見ています。

ダメな回答例

✖ 仕事で活かせるかどうかの判断材料となる長所の具体例を述べていない

私の長所は、努力家であることです。サークルでも、ほかの人より働いてうまく運営できるように努力してきました。短所は、弱腰で嫌なことから目を背けてしまうところです。サークルで何かトラブルがあったとき、一度その場から離れ、事態が落ち着いた頃に再び戻りました。ただ、きちんと謝り、みんなのフォロー役として、持ち前の明るさを活かして円満になるよう努めていました。

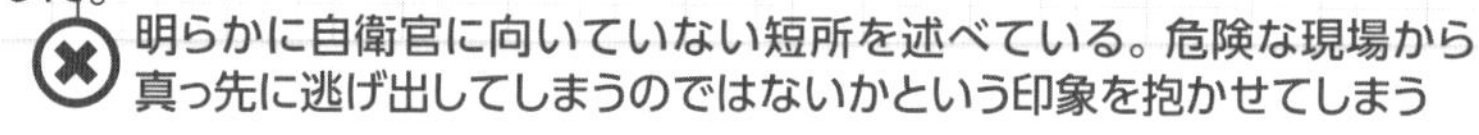

✖ 明らかに自衛官に向いていない短所を述べている。危険な現場から真っ先に逃げ出してしまうのではないかという印象を抱かせてしまう

ワンポイントアドバイス

長所を多めに、短所はあっさりが基本。長所の言いたいことは一つに絞ってアピールすること。短所は明らかに「私は自衛官に向いていません」という告白にならないように。短所は誰にでもあるものなので「短所はありません」と言うのもNG。自分を客観視して短所を把握し、短所を述べたあとは、その克服の具体的な努力も伝えられるようにしよう。

フォローアップ

発展質問 短所を克服しようとした結果は？　最近その短所が出た経験は？

狙い 短所に対する取り組み方を確認することで、面接のためにつくったウソの短所かどうかを確認しようとしている。

答え方 「はい、視野が狭くならないように、大学ではスケジュールを意識して取り組むようにしていました。スケジュール帳を見る回数を増やし、結果、アルバイトやサークルが忙しい時期も試験やレポートを無事乗り越えることができました」など、きちんと成長している印象を与えたい。

本気度が伝わる回答 ◎

はい！　私の長所は、粘り強く目標達成のためにコツコツと努力ができる真面目さです。【面接官：なぜそう思うのですか？】私は小学6年生から高校卒業まで野球部に所属しており、レギュラーを目指して自分の弱点を修正し、できるように取り組み続けた結果、レギュラーになることができました。野球で学んだことを、職務にも活かしたいと思います。【あなたの短所を教えてください】短所は、物事に熱中しすぎることです。レギュラーになるために野球中心の生活を送り、一時は学業がおろそかになることがありました。ですから、対策としてこの時間は練習、この時間は勉強とはっきりと区切り、ダラダラしないよう切り替えを意識し続けています。

本気度が伝わるステップアップ

① 具体的な体験とともに自衛官に適した長所を述べている

「粘り強く」、「コツコツと努力」など、自衛官の職務に役立つ長所を述べている。さらにその長所があることを裏付ける小学校～高校の野球部時代の体験を答えたことで、説得力を高めている。

② 短所は無難なものを選び、その改善策も答えている

「熱中しすぎて学業がおろそかになった」という短所の反省と克服の姿勢を見せることで、面接官を安心させようとしている。面接官が不安に思いそうなことを述べたときは、質問される前に自分でフォローしよう。

5W1Hでつくる自分の回答「長所・短所編」

		ー回答メモー
WHAT	あなたの長所と短所は?	
WHO	誰がその長所・短所を評価しましたか?	
WHEN	いつそれが長所・短所であると思いましたか?	
WHERE	どこでその長所・短所が表れましたか?	
WHY	なぜそれが長所・短所だと思うのですか?	
HOW	どうやってその短所を改善しますか?	メモを組み合わせて回答をつくろう！ 回答のつくり方は→P.71～

サークルやクラブ活動は何かやっていましたか？

質問の狙い！ 集団生活・集団行動に慣れているか、協調性があり規律を守れるかなど、適した性質を持っているかを見極めようとしています。

✖ どのようなスポーツに取り組んだのか、具体例がなくイメージしにくい

シーズンごとにさまざまなスポーツに取り組むサークルに入り、いろいろなスポーツを一緒に楽しむことで同学年の友だちは多くできましたが、高圧的な先輩とうまくいかず、2年生の途中で辞めてしまいました。

✖ 集団活動になじめず、関係修復のために努力した形跡も見られない

具体的なエピソードを盛り込みつつ、その集団の中で自分がいかに協調性をもって活動できたか、活動を通して得られたものは何かを伝えたい。上記の例では、たった1人の先輩とうまくいかなかったことを辞めた理由としていて、忍耐力の足りなさを強調する結果になってしまっている。体験を踏まえて自らも反省し、前向きに努力しようとする意欲をアピールしたい。

フォローアップ

発展質問 サークルやクラブに入らなかったのはなぜですか？

狙い どのように学生生活を送ったか、集団性を身につけているかを知りたい。サークルに属さなかったことを責めているわけではない。

答え方 サークルに属さなかった理由を説明し、その代わりに力を入れたことについて具体的に話す。ここでは協調性が問われるので、サークルに所属していなくても協調性は持ち合わせていることを伝えたい。

本気度が伝わる回答 ◎

中学では陸上部、高校では空手部に所属していました。周囲に空手の経験者が多く、①最初は練習についていくのがやっとでした。それでも自分なりに努力を重ねて黒帯を取れたのはうれしかったです。空手部の先輩にはいろいろなタイプの人がいて、②どのように接したらよいか悩んだこともありましたが、だんだん打ち解けていくにつれ、どの人もそれぞれに特性を持ったよい先輩であることがわかりました。

本気度が伝わるステップアップ

① 簡単にあきらめず、努力する姿勢が伝わる

初心者から黒帯を取れるまで続けた粘り強さ、目の前の課題に真剣に取り組もうとする性質が見て取れる。最初はうまくいかなくても、そこで挫けずにがんばれるかどうかは、自衛官に限らず採用面接時の重要なポイントになる。

② 周囲に気を配り、よい人間関係を築けた例を述べている

いろいろなタイプの先輩との接し方に悩みつつも、結果的に一人ひとりの人間性を理解することで良好な関係を築けたことから、集団生活に適応できる柔軟性が伝わる。具体的にどのような先輩がいて、どのようにして理解し合えたか聞かれる場合もある。

5W1Hでつくる自分の回答「クラブ活動編」

		―回答メモ―
WHAT	活動を通して、何を得ましたか?	
WHO	きっかけを与えた人や一緒に課題に取り組んだ人はいますか?	
WHEN	いつ得られたものに気づきましたか?	
WHERE	どこかで得たものを活かせたことはありましたか?	
WHY	なぜ、そのサークルに入ったのですか?	
HOW	どのように得たものを活かしていきたいですか?	メモを組み合わせて回答をつくろう! 回答のつくり方は→P.71～

学生時代に打ち込んだことを教えてください

質問の狙い！ 受験生の価値観をはじめ、仕事に対する意欲や目標達成能力があるかどうかを確認しています。

はい。昔からバスケットボールをずっと続けてきました。所属していたバスケットボールサークルはたくさんのメンバーがおり、毎週活動していました。私は一度やると決めたことはどんな状況になっても必ず成し遂げる根性があります。この根性を活かして、自衛官になってからも、どんな過酷な仕事でも絶対に乗り越え、成し遂げていきたいです。

⊗ 何年間、何名、毎週何回かなど、具体性がなくイメージしにくい

⊗ どんな経験をしたのかなどの体験談がなく、説得力が無い

「趣味はない」「趣味は仕事と言えるようになりたい」

趣味の話題は盛り上がるケースが多い。同じ趣味の面接官がいると、それだけで面接が終わったりすることも。面接カードに記入欄があればしっかり書いておきたい。

ワンポイントアドバイス

具体的な数字を出すことは説得力を持たせるうえで重要。ただ、そこに執着しすぎて肝心の経験や努力を裏付けるエピソード、どう乗り越えたかなど、体験談や根拠が抜けないように。さらに、そこで学んだことを将来どのように活かせるかまで話せるようにしてこう。

フォローアップ

発展質問 次（二番目）に力を入れたことを教えてください。

狙　い 受験生の想定していない質問をして、受験生の素顔を確認しようとしている。

答え方 基本的にはもっとも力を入れたことと同じ。「力を入れた理由」を述べ、その理由と学んだことを答えればよい。「力を入れたこと」をいくつか整理しておきたい。

本気度が伝わる回答 ◎

はい！　私が力を入れたことは、小学生の頃から大学3年生まで９年間続けているバスケットボールです。【面接官：そこから何を学びましたか？】チームスポーツということもあり、コミュニケーションの重要性、そして同じ目標を定めるための協調性を学びました。自衛官の仕事もチームワークや協調性は重要になると思いますが、学んだことを活かしていきたいです。【具体的なエピソードを教えてください】最初はバスケットが好きという以外にあまり共通点がなかった仲間たちと、練習以外でもたくさん話すようになり、次第にその話の中で市内クラブ大会での優勝を目標に掲げることになりました。みんなで強化のための練習メニューを考え、練習時間を取れる日を調整し、その結果として市大会で準優勝することができました。

本気度が伝わるステップアップ

① 一つのテーマについて述べられている

あれもこれも総花的に述べるより、一つに絞り込んで、それがどう楽しかったのか、何を得たのか、面接官がイメージできるよう具体的に話そう。

② 何を学んだかが述べられている

学生時代に打ち込んだことをただ述べるだけではなく、それを通じて何を学んだか、そして将来それをどう活かせるかについても述べられている。

5W1Hでつくる自分の回答 「打ち込んだこと編」

		―回答メモ―
WHAT	打ち込んだことは何ですか？それから何が得られましたか？	
WHO	誰とそれに取り組みましたか？	
WHEN	いつからそれをやっていますか？	
WHERE	主にどこでそれに取り組みましたか？	
WHY	なぜそれに打ち込んだのですか？	
HOW	それをどう仕事に活かしますか？	メモを組み合わせて回答をつくろう！ 回答のつくり方は→P.71～

誰か尊敬している人はいますか?

質問の狙い！ 「あなたが理想とする人はどのような人か」を間接的に聞く質問です。挙げる人物と理由から、受験生の価値観や人間性などを見ようとしています。

✖ 親という答えは多い。自分の個性をアピールできる人物にした方がよい

はい。私の母親です。いろいろと忙しいし大変だと思うのに、それを顔に出さず、私たち子どものことを第一に考えて、ここまで育ててくれたからです。もうすぐ50歳になりますが、まだまだ元気でパートにも出ていますし、毎朝私の弁当もつくってくれていて、本当に働き者で、すごいなと思います。

✖ エピソードが平凡で尊敬する理由としては薄い
感謝と尊敬は別もの

ワンポイントアドバイス

一見簡単なように見えて実は答えるのが難しいのが、「尊敬する人は誰か?」。その難しさは、答えで個性を発揮しにくいうえに、答え方を一歩間違えると面接官にマイナスの印象を与えかねないというところにある。尊敬する人がいるなら名前を出して、いないなら「いません」と伝えてから、理想とする人物像や将来のイメージを述べることが重要。自分の将来のビジョンをアピールできる機会ととらえ、人物像や理由を明確に答えられるようにしておこう。

フォローアップ

発展質問 歴史上の尊敬する人物とその理由を教えてください。

狙い どんな人物に感銘を受けたかを知り、受験生の人間性を見ようとしている。

答え方 「坂本龍馬です。まわりの人を巻き込んで明治維新を実現した中心人物だと思うからです。私も人をひきつけられる人間になりたいと思います」など、比較的誰もが知っている人物から選択し、尊敬するポイントを簡潔にまとめよう。あまり知られていない人物の場合には、必ず説明を加えること。

本気度が伝わる回答 ◎

はい！　野球部の監督です。厳しい方でしたが、部員の指導は丁寧で、本当の愛情とはこういうことかと感じさせてくれました。部員が40名以上いたのですが、それぞれの特徴を把握し、それぞれに合った練習メニューを厳しく指導してくださったので、自分たちの成長を実感することができました。①そうした監督の姿勢から、組織のリーダーの姿を学ぶことができました。私自身、自分を厳しく律し、周囲の人にも本当の愛情を持ち、必要なときに厳しくできる人物になりたいと考えています。②

① 結論を先に述べている

エピソードが具体的でわかりやすく、どういった部分を尊敬しているのかもはっきり説明されている。自分が接した人物を取り上げると、エピソードが具体的で、個性的な答えになりやすい。歴史上の人物なら、しっかりと下調べをして、尊敬する理由を具体的に説明できるようにしておこう。

② 具体例を用いている

エピソードを自分の価値観や意欲のアピールにつなげていて好印象。なぜ尊敬しているのかという理由の説明をしたあと、自分のなりたい人物像、目標、前向きな意欲などにつなげて話せるように練習しておこう。

5W1Hでつくる自分の回答「尊敬する人編」

		ー回答メモー
WHAT	なにが尊敬するきっかけになりましたか?	
WHO	尊敬する人は誰ですか?	
WHEN	いつそう思うようになりましたか?	
WHERE	きっかけになった場所はありますか?	
WHY	なぜ尊敬しているのですか?	
HOW	どのようにその影響を自分の将来に活かしたいですか?	メモを組み合わせて回答をつくろう！ 回答のつくり方は→P.71～

Q.06 訓練への意気込みを教えてください

自衛隊がどういうところかを現実的にとらえているかを判断するのと同時に、受験生のやる気や職業観も見ている。

⊗ 自衛隊という場を甘く見ている印象を与える

私なら問題ないと思います。ずっと柔道をやっていたので体力には自信がありますし、部長も務めていたので責任感や必要とされるであろうリーダーシップも持っていると思います。訓練は厳しくても持ち前の運動能力で乗り切ります。今でも筋トレを欠かしていないので、足を引っ張ることはないかと思います。

⊗ 訓練は自らを鍛えるためのもの。学ぼうとする姿勢が見られない

ワンポイントアドバイス

自衛隊の訓練や職務が厳しいことについてどう思っているか、それをどう克服するか、ということを伝える。「私ならできる」と言うならば、その根拠を説明すること。受験生は自衛隊を経験したこともないので、安易に「できる」とは言わないほうがよい。「自衛隊では学ぶことがたくさんあり、大変だということは承知していますが、それでも自衛官になるために知識や体力をさらにつけたいですし、自分を鍛えるため、きつくてもがんばります」と素直に意気込みを語ったほうがよい。

フォローアップ

発展質問 人から直接感謝されて、やりがいを感じる機会は滅多にありませんが、それでも大丈夫ですか？

狙　い 仕事に対する覚悟を見ている。

答え方 面接は自己PRの場。「そうだとしても、私はやはり人々を、戦争や災害から守る自衛隊の仕事にやりがいを感じます」というように、常に前向きな姿勢で、自信を持って仕事に対する意欲を見せよう。

①

はい！　まだまだ知識も経験もない私ですので、自衛隊に入って、たくさんのことを学べるのは楽しみでもあります。もちろん訓練を通して身に付けることはたくさんあり、きついと思うこともあるかもしれません。しかし、柔道部のキャプテンを務めながら、テストでどの教科でも常に平均点以上は取り続けるなど、大変でも努力する性格ではありますので、訓練の厳しさに負けず、一人前の立派な自衛官になるべく努力していくつもりです。

②

① 大変でも自衛隊でがんばりたいという意志が見られる

自衛隊は決して甘くないことをきちんと認識したうえで、そこでがんばっていきたいという意欲が見られる。単なる強がりではなく、「自衛官になるために」という理由づけがされているので説得力がある。過信してもいないので、好感が持てる。

② 具体的なエピソードを盛り込んでいる

自分の言葉を裏打ちするエピソードを添えているので、話に説得力がある。自衛官の仕事や自衛隊についての考えともうまく結びついている。

5W1Hでつくる自分の回答「意気込み編」

		一回答メモー
WHAT	あなたの意気込みを聞かせてください。	
WHO	誰かきっかけになった人はいますか?	
WHEN	いつからそう思うようになりましたか?	
WHERE	そう思うきっかけになった場所はありますか?	
WHY	なぜきつくても耐えられるのですか?	
HOW	きつくてもどのようにがんばっていきたいですか?	メモを組み合わせて回答をつくろう！ 回答のつくり方は→P.71～

Q.07 入隊すると集団生活になりますが、大丈夫ですか？

集団生活や集団行動は、自衛隊の活動を行ううえで不可欠なもの。職務をまっとうするために必要な人間関係能力について確認しようとしています。

✖ 時間的に離れすぎているエピソードはインパクトが弱い

はい、大丈夫です。【面接官：根拠は？】小学生の頃に地元の少年サッカーチームやボーイスカウトに入っていたので、集団生活の基礎はできていると思います。大学に入ってからも、コンビニでアルバイトをする中でまわりの人と協力し合ってきた実績があります。

✖ 内容が薄い。面接官を納得させるほどの根拠になっていない

「何とかします」

雰囲気だけで答えてしまうと、無責任な印象になる。何を言っているのか分からない回答はマイナス評価にしかならないので、あやふやな表現は避けたい。

ワンポイントアドバイス

具体的なエピソードは説得力を持たせるために必須ではあるが、内容に無理があると、「つくり話か」という印象を持たれてしまう。具体的なエピソードを面接官にわかりやすく語れるようにするために、事前にしっかりと自己分析しておこう。内心では集団生活が苦手でも、大丈夫だという根拠を示そう。

フォローアップ

発展質問 教育期間でつらくなったときに頼れる友人はいますか？

狙　い 人間関係の築き方の確認をするのと同時に、受験生の心配もしている。

答え方 自信を持って「います」と答え、具体的に場面が浮かんでくるように、いい友情を築いてきたエピソードを一つ話す。友人の数自慢は避けたほうが無難。

①

はい！　大丈夫です。【面接官：その根拠は？】中学、高校時代に野球部に所属し、合宿や遠征などもあったので団体生活には慣れています。大学でも野球のサークルの合宿を携帯電話がつながらない山奥で行いました。それは初めての取り組みでしたが、その分練習に集中できましたし、仲間との絆も深まりました。入隊してからも同僚と協力し合えるよう努力したいです。

②

① 体験談が過去から現在までつながっている

体験談が小学校時代から大学時代までつながっていて、小さい頃から今まで積み上げてきたものがあると伝わり、説得力が高まっている。

② 制限のある環境下で前向きに取り組んだ姿勢が伝わる

団体生活や寮生活は、何かと制限があるもの。携帯電話が使えない、テレビが見られない、消灯時間が早い、起床が早いなど、普段の生活と異なる環境での体験があれば、それに前向きに取り組んだ体験談として具体的に話したい。10名以上での合宿など、集団生活の体験を話すのもよい。

5W1Hでつくる自分の回答「入隊後編」

		ー回答メモー
WHAT	団体で何か行ってきたことはありますか？	
WHO	誰とそれを行いましたか？	
WHEN	いつそれを行いましたか？	
WHERE	それをどこで行いましたか？	
WHY	なぜそれを行ったのですか？	
HOW	どうやってそれを自衛隊での生活に活かせますか？	メモを組み合わせて回答をつくろう！

回答のつくり方は→P.71～

運動は好きですか?

質問の狙い!
入隊後は個人のレベルに合わせて訓練をして、全員がついていけるようにはなっていますが、一緒に訓練を受けられる人材であるかを確認します。

ネガティブな話は、そこからポジティブに発展しない場合は意味がない

好きな方だと思います。【面接官：これまでに何か運動をやっていましたか?】えー、最近はやっていないのですが……、小学生の頃はサッカーをやっていました。【いつまでサッカーを続けましたか?】あの、小学5年の頃、6年の先輩が威張っていて、それがイヤでやめました。でも、その頃からずっと、日本代表の試合とか海外サッカーはテレビでよく見ています。それに、今は運動をしていませんが、体力には自信があります。なので、運動は好きな方だと思います。

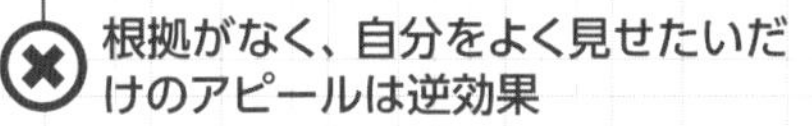

「自信がありません」
謙遜しているつもりでも、消極的な表現は「意欲が低い」「採用するのは不安」というマイナス評価になりやすい。将来のためにがんばれるという、前向きな意欲がうかがえる表現を心がけよう。

消極的な回答はマイナス評価になりやすいが、体力を過大にアピールしすぎるのも考えもの。よく思われるために見栄を張ってもバレてしまうので、身の丈に合った回答を心がけたい。自信がない場合は、地道なトレーニングを始めて、その意欲をアピールしよう。

フォローアップ

類似質問　スポーツなど、何か運動はしていますか?

狙い　体を動かすことに抵抗感がないか確認している。

答え方　していなくても問題はないので、正直に答えればよいが、体力をつけるための運動をすることに抵抗感がないことは伝えたい。

本気度が伝わる回答◎

はい、体力には自信があります。【面接官:これまでに何か運動をやっていましたか？】小学校から大学までの13年間、サッカー部に所属して毎日厳しい練習を続けてきました。大学2年時に自衛官を志してから、週に3回はランニングや筋トレを行っているので体力に問題はありません。

① 迷わず断言している

「自信がある」と断言している点がいい。自衛官にとって体力は必要不可欠。だからこそ、誰であっても「体力には自信があります」と胸を張って答えたい。

② 過去の体験で体力があることを証明している

運動部時代の経験談が入っているので、体力があることが明確に伝わる。部活動を引退してからしばらく経っている場合は、体力を維持するために今どのような工夫をしているのかを説明しよう。

③ 現在の体験談で努力を伝えている

自衛官になるためにやらなければいけないことに自主的に取り組んでいる姿勢が見て取れる。「体を動かすことに抵抗がないのは自衛官を目指す者として当たり前」というくらいの気構えでいたい。

5W1Hでつくる自分の回答「体力編」

		一回答メモー
WHAT	何か運動をやっていましたか？	
WHO	誰かと競っていましたか？	
WHEN	それはいつですか？	
WHERE	どこでやっていましたか？	
WHY	なぜ自信があるのですか？	
HOW	どのように体力をつけていますか？	メモを組み合わせて回答をつくろう！ 回答のつくり方は→P.71〜

Q.09 友人と意見が合わなかったとき、どう対応しましたか？

質問の狙い！
日常的な対人関係の様子、他者と意見が合わなかったときの対応から、コミュニケーション能力やストレスへの耐性などをはかっています。

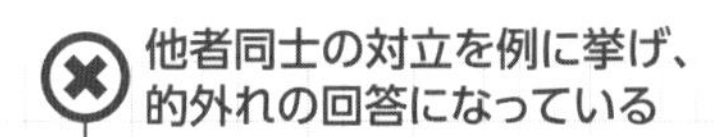

はい。過去に友人たちと意見が合わなかったのは、高校で所属していた野球部でのことです。3年生のとき、練習メニューの変更について顧問とほかの部員たちの意見が衝突しました。顧問は頭ごなしに物を言うタイプだったので、ほかの部員たちの多くが反発しているようでした。そこで、みんなが少し冷静になるのを待って、顧問の意見にも一理あるのではないかと伝えて、理解を得られました。

他人の批判が話の主軸であり、受験生の悩みや努力が伝わらない

自分自身の例が浮かばない場合は、「今、これといって思いつくことはありません。ただ…」と前置きして、他者同士の対立を解決するために行動した経験を述べてもよい。いずれにしても具体的なエピソードを伝えたい。また、他人の批判と受け取られる表現は避けてポジティブな方向で話すように心がけよう。

フォローアップ

類似質問 上官からの命令とは、どのようなものだと思っていますか？

狙　い 自衛隊の組織の中で、秩序を乱さず行動できるかを見ている。

答え方 まず、「はい、絶対的なものと思っています」と答える。「納得できない命令だったら？」などの質問には、「日頃から上官との意思の疎通を大事にして、理解に努めたいです」と答えよう。

本気度が伝わる回答 ◎

はい。高校のサッカー部で、意見の食い違いによる部内の対立を経験しました。互いに自分のことしか考えず、相手の主張に耳を傾けなかったことで対立を深めてしまいました。その後、この経験を反省して、相手の立場に立って改善策を考えることで物事をよい方向へと導けるようになろうと思うようになりました。その後、大学のサークルでも運営方針をめぐって同じように対立が起きましたが、相手の立場に立って考えることで解決策を見つけ、それを提案することで対立を解消することができました。

①
②

① 失敗した体験を正直に答えてOK

自分が至らなかったため、対立を深める結果に終わったと素直に認めていてよい。その経験を基に反省して考えた改善方法を述べれば、失敗から成長を得ようとする姿勢が伝わってプラス評価も期待できる。

② 反省を活かした具体例を伝えている

過去の体験を反省することで得られたものを具体的なエピソードを挙げて説明している。このように「どう活かしたのか」を付け加えることで、発言の内容に説得力が増し、プラス評価を得やすくなる。

5W1Hでつくる自分の回答「対人関係編」

		一回答メモー
WHAT	対立の原因になったことは何ですか?	
WHO	誰と対立しましたか?	
WHEN	いつ対立が起きましたか?	
WHERE	どこで対立が起きましたか?	
WHY	なぜ対立が起きたのですか?	
HOW	どのようにして状況を改善しましたか?	メモを組み合わせて回答をつくろう! 回答のつくり方は→P.71～

Q.10 自衛隊以外の進路は何を考えていますか？　どちらを優先しますか？

質問の狙い！
自衛官を志望する気持ちの本気度、採用すれば確実に入隊するかどうかを知りたがっています。同時に、受験生の誠実さもはかっています。

✖ 具体的な会社名などを自分から出すことは避けるべき

自衛官に採用されなかったときのことを考えて、A社、B社、C社を受けましたが、それらはすべり止めに過ぎません。もちろん、自衛隊を優先します。

✖ 一般企業を受験した意図が不明で、ウソではないかと疑われかねない

自衛官のほかに進路は考えていません。一般企業も何社か受験しましたが、たとえ合格しても就職するつもりはありません。

「すべり止め」「ほかは受験慣れするために受けました」など

「すべり止め」という後ろ向きな表現はNG。また、「受験慣れ」などの表現は、この面接も練習のためと思われる危険がある。別の理由を考えること。

ワンポイントアドバイス

取り繕ったことを言っても、まず面接官には見抜かれると思ったほうがよい。したがって、ほかの進路も考慮に入れているなら、そのことを正直に話すべき。ただし、あくまでも第1志望は自衛官であることをきちんと伝えること。また、すでに企業などの内定を得ていても、面接官に問われないかぎりは自分から口にする必要はない。

フォローアップ

発展質問　他の職をあきらめてまで自衛官を目指すのはなぜですか？

狙　い　自衛官を第一候補として志望する理由が知りたい。責任感や自衛官の任務に従事する覚悟の有無を確認したい。

答え方　自衛官として働きたいと思うに至った経緯を、具体的なエピソードをまじえて説明すること。これまでの仕事で得た技能や社会経験をどのように活かせると考えているかも伝えたい。

本気度が伝わる回答 ◎

一般企業も受験していますが、①自衛官が第1志望です。仮に一般企業に合格しても、採用していただければ、迷わず自衛官の道を選びます。【面接官：一般企業も受験しているのはなぜですか?】はい、②就職浪人を避けたいためです。親に余計な負担をかけないためにも何らかの仕事には就きたいので、一般企業も受験しています。ですが、ほかの仕事に就くよりも、自衛官として任務に従事することが、あくまでも私の最大の希望です。

① 迷いなく自衛官を志望していることを伝えている

自衛官が第1志望であることを明確にしている。真剣な気持ちで自衛官になりたいと、まず意思表示しておくことは大切。心が決まっているならば、このようにはっきりと熱意を伝えたい。

② 正直に答えていることが伝わる

ほかも受験している理由をわかりやすく説明できている。誠実な態度が面接官に伝われば好評価にもつながるので、あれこれ気を回さず、きちんと事実を話すように心がけたい。

5W1Hでつくる自分の回答「進路編」

		ー回答メモー
WHAT	何のために自衛官の道を優先するのですか?	
WHO	誰かきっかけになった人はいますか?	
WHEN	いつ自衛官の道を優先することを決意しましたか?	
WHERE	どこかきっかけになった場所はありますか?	
WHY	なぜほかの進路より自衛官の道を進みたいのですか?	
HOW	ほかの就職試験を受けている理由をどう説明しますか?	メモを組み合わせて回答をつくろう! 回答のつくり方は→P.71～

体で何か問題や悩みはありますか?

質問の狙い! 体に不安や病気はないかを確認しようとしている。体を酷使する仕事なので、単純に健康に問題がないかを知ろうとしている。

✖ 体力に不安がある人が自衛官になるのは難しい

中学・高校と文化部に所属していたので、体力的について行けるか不安があります。できれば、内勤につければ…。それと、よくお腹をこわすので、自衛官がどんな食事をしているのかなども気になります。

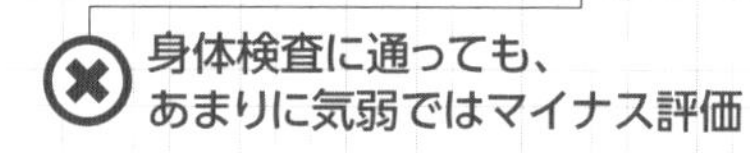

ワンポイントアドバイス

自衛官は健康で体力があることが求められるので、この質問には(少なくても自覚的には)「何も問題がない」と答えるのが大前提。ただし、本当に問題や悩みがあるなら、ウソを言っても、身体検査などで明らかになるので正直に答えるべき。もし体力などに不安があっても、それを克服するために努力しているのであれば、プラス評価になる可能性もあるため話してもかまわない。不安があれば、地方協力本部に問い合わせてほしい。アドバイスをしてくれる。

フォローアップ

発展質問 ほかに何か不安なことはありますか?

狙い 不安があれば、それを確認し、可能なら解消しようとしている。

答え方 入隊後の生活などで不安なことがあるなら、素直に質問してもいいだろう。個人的な心配事は必ずしも答える必要はないが、入隊後に影響があることなら、場合によっては正直に答えたい。

本気度が伝わる回答 ◎

はい！ 健康にはまったく問題ありません①。基礎体力についても、高校までは陸上競技をしていたので多少の自信はありますが、大学時代は特別に体を鍛えたりはしていなかったので、厳しい訓練について行けるか少し不安です。ただ、自衛官を目指すと決めたので、先月から5km走を始めました。最初は息が上がっていましたが、最近ではそんなこともなく、走る距離も伸びています②。今後はジムにも通おうと思っているので、体力も前のように戻ってくるはずです。

本気度が伝わるステップアップ

① 健康に不安がないことをはっきり表明している

最初に健康には問題がないことをはっきりと伝えることで、面接官を安心させている。心配事があるときは、応募する前に募集活動を行っている地方協力本部（→P.186）の窓口などに問い合わせて、問題がないかどうか確認しておこう。

② 体力の不安を克服しようとしている

不安な部分はあるが、それを克服しようと努力していることがあり、それを具体的に語っている。正直で前向きな人間であると感じさせ、大きなプラス評価を得られる。

5W1Hでつくる自分の回答「体の悩み編」

		一回答メモー
WHAT	体の問題や悩みは何ですか？	
WHO	誰に体の問題や悩みを相談しましたか？	
WHEN	いつ体の問題や悩みができましたか？	
WHERE	どこで体の問題や悩みができましたか？	
WHY	なぜそれが体の問題や悩みなのですか？	
HOW	どのように体の問題や悩みに対応していますか？	メモを組み合わせて回答をつくろう！ 回答のつくり方は→P.71～

Q.12 地元ではない駐屯地への異動もありますが大丈夫ですか?

質問の狙い! 異動指令を受けて退職することはないか、転勤が多いことを自覚しているか、家族の理解はあるかを確認しています。

✖ 全国組織である自衛隊に勤めることの本質を理解できていないと見なされる

私は○○県で生まれ、ずっと○○県で過ごしてきたので、○○県の近くで勤務したいです。

✖ 職務よりも自分の都合を優先する姿勢が感じられる

両親や親戚、友人が大勢いますので、県内での勤務以外は難しいです。隣の県で週末に帰れるくらいの距離なら大丈夫です。

「実家からは離れられません」

特別な事情がある場合でも考慮されることはまずないため、甘い考えを持っている印象を与える。

ワンポイントアドバイス

個人の願望を通すのは現実的に難しい。配属される駐屯地が居住地に近いとは限らず、異動がないとも言えない。幹部自衛官は転勤が多く、勤務地は全国に及ぶ。転勤先についても、希望が通るケースのほうが少ないのが実態である。そのことを十分に理解したうえで、生活設計を考える覚悟を示したい。

フォローアップ

類似質問 ご家族と転勤について話し合っていますか?

狙い 家族の反対で支障が生じないか、本人が真剣に想定しているかを知りたい。

答え方 異動になっても勤務に影響しないよう、家族と話し合って理解を得ていることを伝えたい。

本気度が伝わる回答 ◎

はい、問題ありません。転勤が多いことは、もとより承知のうえです。(①)勤務地は全国に数百カ所あると認識しています。どこの土地へ行くことになっても、与えられた任務に精いっぱい取り組みます。【面接官：結婚したら、単身赴任になる場合もあると思いますが、どのように考えていますか？】まだ結婚は考えていませんが、もし結婚したら、できるだけ勤務地の近く(②)に呼び寄せたいと考えています。仕事に対する理解のある女性と結婚したいと考えていますので、もし単身赴任になっても理解してもらえると思います。

本気度が伝わるステップアップ

① 転勤が多い自衛官の職業柄を理解している

転勤が頻繁であることを知り、また勤務地の多さを認識していることからも、事前に下調べをしている真剣みが感じられる。そのうえで意欲を示しているので、さらに熱意が伝わる発言になっている。

② 現実的な想定を示している

異動のタイミングと勤務地によって、単身赴任せざるを得ない状況になるのは自衛官に限らずありがちなこと。ましてや異動が多く、転勤先も全国各地に及ぶ自衛官なら、なおさら。その現実を想定し、家族の理解を得ようとしているのが好印象。

5W1Hでつくる自分の回答「異動編」

		―回答メモ―
WHAT	何を一番に優先して配属地の問題を考えますか？	
WHO	地元から離れる場合、ついてきてほしい人はいますか？	
WHEN	いつ転勤を言い渡されても大丈夫ですか？	
WHERE	全国どこへ転勤になっても大丈夫ですか？	
WHY	なぜ転勤が多くても大丈夫だと思えるのですか？	
HOW	地元を離れた生活にどのように向き合っていきますか？	メモを組み合わせて回答をつくろう！ 回答のつくり方は→P.71～

Q.13 危険が伴う仕事ですが大丈夫ですか?

危険を伴う仕事に就く覚悟があるかどうかを確認しようとしている。どんな仕事か、しっかりと理解しているかも知ろうとしている。

死亡者数だけが危険度を測る基準とはいえない

自衛官の仕事は危険とよく言われますが、年間の死亡者数はそれほど多くないと聞いています、それに死因の4割が自殺ということですが、私は自殺するような人間ではないので、大丈夫です。

大丈夫な理由として適切とはいえない

ワンポイントアドバイス

自衛官が時に危険が伴う仕事であることは、当然のこととして理解しておかなくてはならない。映画やドラマなどのイメージだけで答えるのではなく、自衛官のインタビュー記事などで実際の現場のことをできるだけ調べたうえで、それでも入りたいという意欲を見せられる答え方を考えておこう。

フォローアップ

発展質問 外国からの脅威についてどう思いますか?

狙い 国際情勢やその脅威を知っているか確認しようとしている。

答え方 どんな脅威があるか、それをどう考えるか、自分なりに説明し、それでも国防を担いたいという意欲を伝える。日本を取り巻く基本的な国際情勢はきちんと勉強しておく必要がある。

本気度が伝わる回答 ◎

はい、承知しています。しかし、①近年は日本の領海や防空識別圏での緊張感が高まっており、もしも非常事態が発生したら、危険を伴うことは承知のうえで日本の領土と国民を守りたいと考えています。自分が自衛官になれたら、②しっかり訓練を積み、危険を回避する知識も身に付け、国防や被災地支援のために全力で職務を果たしていく考えです。家族とも話はしていて、職務の重要性を伝えて、理解してもらっています。

① 国際情勢を知り、危険が伴う職務であることを理解している

国際情勢を自分なりに勉強しており、それに伴う戦闘の危険性があることも理解していると思わせる。そのうえで、自衛官の職に就く覚悟があることを示しており、評価される回答。

② 危険回避も考えたうえで前向きさを示している

無闇に勇ましいだけではなく、訓練を積むこと、危険を回避することの大切さも理解しているとわかるので安心感がある。自衛官の職務への意欲も感じさせる回答であり、プラス評価に。

5W1Hでつくる自分の回答「覚悟編」

		一回答メモー
WHAT	何をもって危険が伴う仕事だと考えますか?	
WHO	誰が危険をもたらすと考えますか?	
WHEN	どんなときに危険な場面に遭遇すると考えますか?	
WHERE	どこで危険な場面に遭遇すると考えますか?	
WHY	どんな理由で危険が発生すると考えますか?	
HOW	どのように危険に対処すべきでしょうか?	メモを組み合わせて回答をつくろう! 回答のつくり方は→P.71〜

Q.14 年上の部下ができたとき、きちんと命令を出せますか?

質問の狙い！ 臆さず即座に答えられるかのみが問われています。任務に徹して組織を指揮する覚悟があるか、それができる人物かを見ています。

✖ きっぱりと言い切れていない。自信のない態度は禁物

そういう立場になれば、出せると思います。【面接官：今までにそういう経験はありましたか？】ありません。どちらかといえば、場を和ませることが得意なので。アルバイト先のコンビニでも、場の雰囲気が悪くならないように気を配りながら指示しています。

✖ 質問の狙いがつかめず、求められる答えとは逆の回答

「わかりません」

実際に年上の相手に対して指令した経験がなく、できるかわからなかったとしても「わかりません」では、意志が弱く、投げやりな印象を与える。

ワンポイントアドバイス

たとえ性格的に難題だと思っても、それも任務と考えて乗り越えていく意思を持つことが大切。この質問には「はい」と答えるしかないが、強い意志を示すように、声を張って堂々とした態度で答えられるようにしたい。

フォローアップ

類似質問 男性の部下に対しても、きちんと命令を出せますか？（女性に対して）

狙い 大多数を占める男性に対して物怖じしないか、また部下を持つ立場になるまで勤務する気構えがあるかを見ている。

答え方 年下の部下に対する場合と同じで、きっぱりと「はい！ 出せます」と答えること。

本気度が伝わる回答◎

①はい！　出せます。大学時代、2歳年上の後輩が柔道部にいました。あくまで大学では私が先輩なのですから、難しく考えず相手を1人の後輩と思って接しました。【面接官：自衛隊でも同じようにできますか?】もちろん、できます。②職務として命令を出す立場ならば、躊躇していては部隊の士気にもかかわると思うので、なおさらです。しっかりと指示が出せる上官になれるよう、精進していきたいと思います。

① 即答できている

とにかく、質問を受けて間髪入れず、はきはきと答えることが必要。まごつかずに答え、そのうえで学生時代に体験した類似の具体例を示すことで、説得力が増している。

② 任務の一つと認識している

「躊躇していては部隊の士気にもかかわる」と、上官として部下に指示を出すことの重要性を理解できている。職務をまっとうすることを第一に考えれば、部下の年齢に関係なくリーダーシップを発揮することが必要とわかるはず。

5W1Hでつくる自分の回答「年上の指導編」

		―回答メモ―
WHAT	どんな場面で年上の相手を指導する立場になったことがありますか?	
WHO	どんな年上の人に対して指導したことがありますか?	
WHEN	そうした経験をいつしましたか?	
WHERE	そうした経験をどこでしましたか?	
WHY	なぜその相手と良好な関係を築けた(築けなかった)と思いますか?	
HOW	年上の部下には、どのように接するべきだと思いますか?	メモを組み合わせて回答をつくろう! 回答のつくり方は→P.71～

Column 5

面接官のホンネ ②

併願状況は偽らず、本当のことを話してほしい

自衛官を志望する受験生は、消防や警察などと併願している人が多い。それはしょうがないことだけど、採用する側からすると、実際に入隊してくれる受験生の数を把握しておきたいので、併願状況は本当のことを言ってほしいですね。「必ず入隊します」と答えたから採用者として数えていたのに、ほかに行かれたりされるとこちらとしてもつらいので。第一志望として受験してほしいですね。

訓練を乗り越えられる人物かを見る

面接では、自衛官として訓練や集団生活になじむことのできる人物かどうかを見極めようとしています。個々に合わせてサポート、育てていくのですが、教育期間に中には集団生活になじめずに辞めていく人物もいて、そうした人を採用しても意味がないですから。だから、どれくらい入隊の意欲が強いのか、仲間や先輩とコミュニケーションをとって集団生活を送れるのかなど、実体験を交えて話してもらえるといいですね。

併願状況については面接官もかなり気にしているし、情報が伝わることもありえるので、正直に話すほうがいいだろう。ただ、志望順位については、「第5志望です」と言われたときに、納得して合格させるだろうか？　やはりどこの面接を受けるときでも、第1志望として真摯に受験するべき。「なぜ自衛官なのか」という志望理由をしっかり準備しておこう。

Chapter

自分の言葉でつくるベスト回答
―志望動機編―

面接試験では、どのような質問が投げかけられて、その質問に対してどのように答えればよいのでしょうか？
Chapter 5では、なぜ自衛隊を志望しているのか、その動機を探る質問について、どのような回答の仕方があるのか見ていきましょう。

志望動機のつくり方

■「志望動機」は必ず聞かれる重要な質問。
■ 3つのステップで本気度の伝わる志望動機をつくろう

なぜ自分は自衛官になりたいのか?

志望動機は、自衛官の仕事にどれだけ熱意を持っているのか、仕事の中身についてきちんと理解して志望しているのか知るために、**必ずといっていいほど聞かれる質問だ。**まずは、自分が、なぜ自衛官になりたいのか、その理由を自分自身に徹底的に問いかけ、自己分析し、志望理由を特定しよう。次に、自衛官の実際の仕事の内容を洗い出し、リストアップしていく。それができたら、その仕事や担当部署の中から、自分が自衛官になれたら特にやりたい仕事をピックアップしよう。やりたい仕事はできれば複数選んで、その優先順位もつけておこう。最後に、その仕事に就きたい理由を文章にして、話せるようにしておこう。

志望動機をつくるためのステップ

STEP 1 自衛官を志望する理由を特定する

STEP 2 仕事内容を把握し、やりたい仕事をリスト化する

STEP 3 リストを基に志望動機を文章にする

↓

説得力のある志望動機に

STEP 1 自衛官を志望する理由を特定する

自衛官になりたい理由を自己分析して特定しよう。考えるきっかけとして、５Ｗ１Ｈ(なりたい理由は何か、いつなりたいと思ったか、どこでなりたいか、誰の影響でなりたいと思ったか、なぜ自衛官なのか、どのような自衛官になりたいか)を書き出してみよう。

志望理由を特定する自己質問

→ そもそも自衛官に興味を持ったきっかけ・体験は?

具体例「親戚が自衛官をしていて、憧れを持った」

→ 自衛官になることを決めたのはいつ? どのようなきっかけ?

具体例「東日本大震災での自衛官の活躍を見て、憧れるようになった」

STEP 2 仕事内容を把握し、やりたい仕事をリスト化する

自衛官の幅広い仕事内容を把握できたら、その中から自分がやりたい仕事を選び、理由とともにリスト化していく。複数選んで優先順位をつけよう。

希望の仕事リストアップシート例

❶ 自衛隊の組織図などを見ながら興味がある職種とその仕事をリストにする
❷ その仕事に就きたい理由、興味がある理由を書き出す

就きたい職種	担当したい理由	興味の順番
普通科	現場で体を張って人の役に立ちたい	1
高射特科	対空戦闘部隊として日本の国土を守りたい	3
情報科	情報の収集・処理によって部隊を支援したい	2

STEP 3 リストを基に志望動機を文章にする

希望の仕事リストを基に志望動機を文章にして、口頭で答えられるようにしよう。まず、面接官の質問を想定し、その結論として就きたい職種などを書く。次に自分の体験などを根拠にその理由を書く。最後に、自分がその職種でやりたい職務を具体的に説明する。

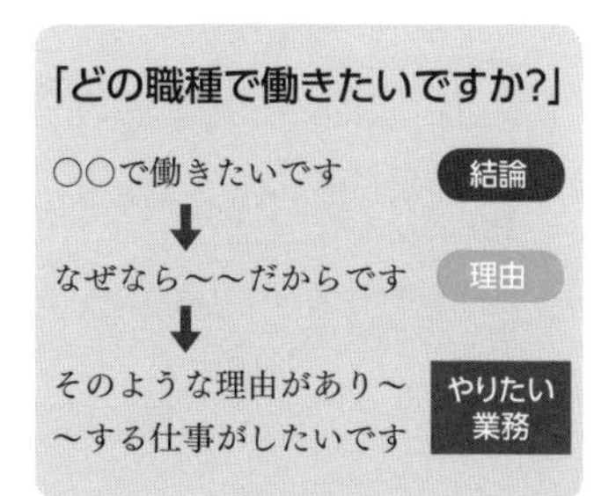

自衛隊をなぜ志望するのですか?

質問の狙い！

自衛官は肉体的にも精神的にも強くなければ務まらない仕事です。この質問を通して、志望意欲の高さ、志望理由の確かさを見極めようとしています。

兵器や武器が好きという志望理由は、プラス評価にならない

子どもの頃から戦車や戦闘機が好きで、ずっと将来は自衛官になりたいと思っていたからです。もう一つの理由は、自衛官が公務員だからです。自営業の両親からも「公務員は安定しているからいい」と言われて育ってきましたし、自衛官の制服や装備にも憧れがあるので、自衛官になることしか考えられませんでした。

他者からの意見を入れると、あまり熱意がない印象を与えてしまう

志望動機を述べるときは、自衛官の職務内容に沿った動機を述べること。そうでないと、面接官に「別の職業のほうがよいのでは?」といった疑問を抱かせてしまう。また、エピソードは、一番伝えたいことが回答になるように一つに絞り、そのうえで体験談や自衛官の仕事に対する思いなどを盛り込み、志望動機に具体性を持たせると、ほかの受験生と差をつけられる。

フォローアップ

発展質問 自衛官に興味を持ったきっかけは何ですか?

狙　い さらに具体的な思いや本気度を確かめようとしている。

答え方 「TV番組で、毎日苦しい訓練に励んでいる自衛官の姿を見て心を打たれました」など、具体的な体験を答えるとよい。ただ、きっかけと動機は別。事前に志望理由ときちんと分けて整理しておくこと。

本気度が伝わる回答 ◎

①私が自衛官になりたい理由は、日本に住む人々の平和な日常を守りたいからです。東日本大震災で私の家族や知人は被害を受けなかったのですが、非常にショックを受け、平和な日常がどれほど大切なものなのかを思い知りました。そのとき現地での自衛隊の救援活動を見て、感謝の気持ちを持つとともに自分も自衛官として人の役に立ちたいと考えるようになりました。【普段は訓練や警戒監視の活動が中心ですが、いかがですか？】もちろん承知しています。②武力衝突は絶対にあってはいけないことですが、もしもの時に備えることは重要ですし、③災害派遣などの任務も充分に務められるよう、日々の訓練に取り組んでいきます。

① 役割、仕事に沿った志望動機が冒頭で述べられている

自衛官になって何をやりたいのかを最初に述べていて、質問に答えている。

② 自衛官の最大の使命を理解している

自衛官に課せられた国防の重要性を理解していることがわかる。武力衝突を望まないことを主張している点も好感を持ってもらえる可能性が高い。

③ 自衛官として適切な意欲を述べている

自衛官は災害派遣や国際平和維持活動に当たることもある。そのための訓練と準備が必要なこともきちんとわかっている。

5W1Hでつくる自分の回答 「志望動機編」

		ー回答メモー
WHAT	志望動機は何ですか？	
WHO	誰かきっかけになった人はいますか？	
WHEN	いつそう思うようになりましたか？	
WHERE	どこでそう思うようになりましたか？	
WHY	なぜ数ある職業の中で自衛官なのですか？	
HOW	どのように自分の思いを仕事に活かしますか？	メモを組み合わせて回答をつくろう！ 回答のつくり方は→P.71～

5 自分の言葉でつくるベスト回答 志望動機編

Q.16 一般曹候補生を受験した理由は?

質問の狙い!

自衛隊にはいろいろな採用試験があります。その中で、なぜ一般曹候補生を受験したのかを確認しています。

積極性が感じられない。志望意欲が低いと思われる

もともとは民間企業への就職を希望していたのですが、やっぱり安定した公務員になりたいと思い直し、自衛官を志望することにしました。なので、公務員の採用試験に向けた準備をまったくしていませんでした。それでは一般幹部候補生になることは無理だと思い、一般曹候補生の採用試験を受けることにしました。

自衛官を志望する具体的な動機が欠如している

自衛隊にはいろいろな採用試験がある。採用人数が多いのは、「自衛官候補生」と「一般曹候補生」。「自衛官候補生」は、陸上自衛官は1年9カ月、海上・航空自衛官は2年9カ月を1任期（2任期目以降は各2年）として勤務する任期制。「一般曹候補生」は、自分の能力に合わせて知識と技能を高め、昇任しながら定年まで勤めることが可能。どちらを受験するにせよ、自信を持って志望理由を答えたい。

フォローアップ

発展質問 一般曹候補生に落ちて、自衛官候補生に受かった場合はどうしますか?

狙い 自衛官候補生としてでも働く意欲があるのかを確認している。

答え方 自衛官候補生としても働く意志がある場合は「意欲を持って働きます」と回答し、具体的な体験談をまじえて志望理由を伝えよう。

本気度が伝わる回答 ◎

①自衛官を一生の仕事として考えているため、任期制の自衛官候補生ではなく、一般曹候補生を受験しました。というのも、叔父が海上自衛隊で働いているのですが、話を聞くたびに自衛官の役割の重さとやりがいを感じていて、私も自衛官として国の役に立ちたいと考えたからです。また、その叔父が准尉になったのですが、②私も将来的には努力して昇進し、部隊をまとめる役割を務めてみたいと考えていますので、自衛官候補生より少しでも早く昇進できる一般曹候補生を志望しています。

本気度が伝わるステップアップ

① 具体的な志望理由なので説得力がある

定年制の一般曹候補生と任期制の自衛官候補生との違いも調べていることが分かり、一生をかけて自衛官として働きたいという熱意が感じられて好印象。自衛官の任務にやりがいを感じていることを表明している点もよい。

② 正直に一般曹候補生を受けた理由を述べている

変に隠したりせず、正直に昇進への意欲を表明しているのは、職務についても積極的に取り組むであろうことが期待できるのでプラスに評価される。また、そのためには努力が必要であることも理解しているようであり、人より上に立ちたいという単純な志望理由ではない点も評価できる。

5W1Hでつくる自分の回答「受験の理由編」

		一回答メモー
WHAT	一般幹部候補生を受験しなかった理由は何ですか?	
WHO	誰か一般曹候補生に就いている人を知っていますか?	
WHEN	いつから一般曹候補生を志望するようになりましたか?	
WHERE	どこでそのきっかけに出会いましたか?	
WHY	なぜ一般曹候補生になりたいのですか?	
HOW	一般曹候補生になってどのように活躍したいですか?	

メモを組み合わせて回答をつくろう! 回答のつくり方は→P.71～

なぜ航空（陸上、海上）自衛隊を志望しているのですか？

質問の狙い！ 配属先の志望に確固たる理由を持っている受験生が多くないとわかっているものの、どれほど意欲があるのかを確認しています。

考えが甘い。志望理由が自衛官の役割からかけ離れている

はい。一番の理由は子どもの頃からパイロットになりたかったからです。しかし、民間航空会社の採用試験はとても難易度が高いですし、航空大学校に入学するにもまず大学に入らないといけないため、航空自衛隊からパイロットになる道を目指しました。航空自衛隊に入れたらできればパイロットになって、諸外国の空からの侵略を未然に防いでいきたいです。

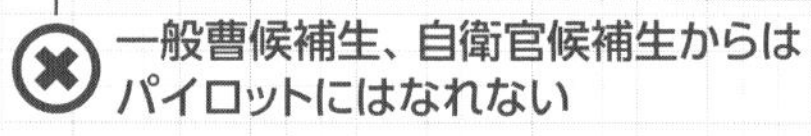

「海が苦手なので」

たとえば海上自衛隊以外を志望している場合、泳げない、船酔いをするなど、ネガティブな表現は避ける。他の部隊が嫌だからという志望理由は出さないほうがよい。

ワンポイントアドバイス

回りくどい言い方よりも、単純な志望理由を述べたほうが効果的なことも多い。「海が好きだからという理由だけで海上自衛隊を志望したが、結果的には正解だった」という海上自衛官も少なくない。

フォローアップ

発展質問 希望する航空業務ではない職域に配属されたらどうしますか？

狙い どこの職域でも真剣に取り組めるかを確認している。

答え方 「はい、覚悟しています」など、前向きな姿勢で回答する。本音だけでなく、ほかの職域でも意欲があることをアピールしたい。

本気度が伝わる回答 ◎

はい！　陸上自衛隊を志望する理由は、自然災害などで現地に赴く機会が多いのが陸上自衛隊だからです。志望するきっかけは、中学のときに学校の校庭で不発弾が見つかり、陸上自衛隊が出動してそれを処理したのを見たことからです。消防や警察さえ対処できない危険な作業に取り組み、多くの人に安心を与える姿に憧れを持ちました。①そのため、訓練を積んで技術を身につけ、将来は不発弾処理にも携わりたいと考えており、武器課を志望しています。②

① 志望理由が率直で伝わりやすい

自衛官に救助されるなど、直接ふれ合った経験が志望理由につながる回答は動機が理解しやすくて効果的。また、不発弾処理という陸上自衛隊の持つ特殊な技術にも触れられており、陸上自衛隊を志望する理由には適している。

② 自分なりのキャリアプランを持ち、意欲を感じさせる

陸上自衛隊に入隊したあと、どのような職種でどのように活躍したいのか、しっかりとしたビジョンを描いており好印象。また、技術を身につけるための努力を積んでいきたいという意欲は高く評価される。

5W1Hでつくる自分の回答「志望先編」

		一回答メモー
WHAT	志望する自衛隊はどの隊ですか？	
WHO	誰かその自衛隊を志望するきっかけになった人はいますか？	
WHEN	いつその自衛隊に入りたいと思いましたか？	
WHERE	どこでそのきっかけに出会いましたか？	
WHY	なぜ他の自衛隊ではなく航空（陸上、海上）自衛隊なのですか？	
HOW	航空（陸上、海上）自衛隊でどのような活動がしたいですか？	メモを組み合わせて回答をつくろう！ 回答のつくり方は→P.71～

Q.18 なぜ海上保安庁ではなく海上自衛隊なのですか？

質問の狙い！

海上保安庁と海上自衛隊の仕事の違いを正しく把握しているかどうか、そのうえで海上自衛隊を選ぶ覚悟があるのかを確認しようとしている。

ダメな回答例 ✖

✖ 志望動機がゆるい。厳しさも知ったうえでの志望と伝えたい

私は海が好きで、海に関わる仕事に就きたかったのですが、海上保安庁は募集人員が少なくて、試験も難しそうだったので、海上自衛隊を志望しました。海上自衛隊も国を守る大切な仕事だと思うので、がんばりたいです。

✖ 違いを理解しているとは思われないうえ、消極的な志望理由ではNG

ワンポイントアドバイス

海上犯罪の取り締まりや海難救助を行う海上保安庁の仕事は、海上自衛隊の仕事とは似ているようで異なる。海上保安庁と海上自衛隊の仕事の違いを述べ、自分が海上自衛隊で働きたい理由を明確に答えよう。

フォローアップ

発展質問 自衛隊のどこがいいのですか？

狙い 志望動機を改めて確認しようとしている。

答え方 志望動機に絡めて自分が自衛隊で魅力に感じるところを正直に答えればよい。志望動機を答えたのに改めてこの質問を聞かれたのなら、動機があいまいだと思われている可能性がある。なぜ自分が自衛隊入隊を希望しているのかを明確に話そう。

本気度が伝わる回答 ◎

はい。海上保安庁の主な職務は、海上における犯罪の取り締まりや、事故や災害が起きたときの人命救助です。国民の安全を守るという意味では、海上自衛隊の仕事と似ていますが、①私は日々の監視活動などによって非常事態を未然に防ぎ、国を守っている海上自衛隊に、より大きな魅力を感じます。また私は、②国際社会の平和や安定に貢献する仕事にも興味があり、海外において商船を海賊から護衛するPKO活動なども大きな意義があると考えているので、ぜひそのような仕事に携わりたいと思っています。

① 海上保安庁の仕事との違いがわかっている

海上保安庁の仕事と海上自衛隊の仕事との違いを明確に認識していることがわかる。そのうえで海上自衛隊の職務を具体的に示し、魅力を感じていることを述べているのが高評価につながる。

② 海上自衛隊ならではの仕事に興味を示している

商船を海賊から守るPKO活動など、国際社会の平和実現に向けた貢献ができるのも自衛隊ならでは。海上自衛隊で働きたいという気持ちが、より説得力を持って伝わる。

5W1Hでつくる自分の回答「仕事の違い編」

		―回答メモ―
WHAT	何が海上自衛隊の魅力ですか?	
WHO	誰の影響で海上自衛隊に入りたいと思いましたか?	
WHEN	いつ海上自衛隊に入りたいと思いましたか?	
WHERE	どこで海上自衛隊に入りたいと思いましたか?	
WHY	なぜ海上自衛隊に入りたいのですか?	
HOW	どのように海上自衛隊で活躍したいですか?	

メモを組み合わせて回答をつくろう! 回答のつくり方は→P.71～

Q.19 民間の企業でなくてもよいのですか？

質問の狙い！ 公務員と民間の違いについて理解しているかを知ろうとしています。また、自衛官という仕事に対する理解度や意欲も見ようとしています。

ダメな回答例

はい。会社のために働く民間の仕事よりも、国民のために働く公務員の仕事のほうがかっこいいと思うので、民間の企業で働きたいと思いません。また、公務員は収入が安定しているというのもあり、そうすると精神的にも余裕が出てくると思います。

✖ 具体性がなく、公務員の仕事を理解していない印象

✖ 収入で公務員を選択している印象。公務員の自覚が足りない

「収入が安定している」など

公務員は一般的に収入が安定していると言われるが、それを面接で発言するのはNG。収入は大事だが、「そればかりが目的では」というマイナス印象になる。

ワンポイントアドバイス

自衛官は、公の立場から国民生活の安心・安全に関わる仕事であり、かつ、時には命の危険を伴う仕事なだけに、社会全体に奉仕する自覚と覚悟が求められる。受験者は、民間と公務員の仕事の差異をしっかりと把握して、その違いをきちんと話せるように用意しておこう。そのうえで、なぜ自衛官でないとダメなのかの理由も考えておく。

フォローアップ

発展質問 自衛官として必要なことを3つ挙げてください。

狙 い 公務員としての自衛官を的確にとらえられているかを見ようとしている。

答え方 公務員と民間企業の違いを述べられるようにして、「公務員である自衛官とはこういうもの」とはっきりと伝え、そのうえで自分が自衛官として必要だと考える要素を伝えよう。

本気度が伝わる回答◎

はい！　大丈夫です。私はあくまで自衛官になりたいので、民間の企業を受験する予定はないからです。人々の暮らしを豊かにし、そして利益を追求するのが民間企業の仕事だとしたら、①自衛官の仕事は国民の暮らしを守ることだと思います。②私は、家族や知人、この国に住む人々を戦争や災害の恐怖から守りたいのです。そして、それができるのが自衛官です。だから、私は自衛官になりたいです。

本気度が伝わるステップアップ

① 自衛官の役割を把握している

民間企業に求められるのは、業務を通じて利益を追求すること。それに対して、自衛官は自らの利益を追求することはなく、求められるのはあくまで国民を守ることである。自衛官を目指す者としてそれをちゃんと理解できているか、ということは重要。

② 自衛官になりたいという意欲のアピールにつなげている

守る対象を具体的にイメージできていて、その人たちを守りたいという熱い思いが伝わり、自衛官になりたいという意欲が感じられる。民間との違いを把握したうえで、自衛官になりたい理由を述べているので、説得力がある。

5W1Hでつくる自分の回答「志望動機編」

		ー回答メモー
WHAT	なにが民間ではなく自衛官を志望する理由ですか?	
WHO	誰かきっかけになった人はいますか?	
WHEN	いつそちらの道を選びましたか?	
WHERE	きっかけになった場所はありますか?	
WHY	なぜ民間でなくて自衛官なのですか?	
HOW	自衛官としてどのように仕事をしたいですか?	メモを組み合わせて回答をつくろう! 回答のつくり方は→P.71～

一般の公務員と自衛官の違いをどう考えていますか?

質問の狙い! 「行政職」と「公安職」の違いをきちんと認識しているか、また自衛官の職務をどうとらえているかを確認しようとしています。

> ✖ 行政職と公安職について触れられておらず、正しく仕事を理解できていない

はい。一般の公務員に比べ、自衛官は体力が必要とされる大変な仕事です。私は体力には自信があるので、その強みを活かせる仕事でもあると思います。また、給料も一般の公務員より高いのでやりがいがあり、国民が安心・安全に暮らせるように一生懸命任務にあたりたいと思っています。

> ✖ やりがいを給料だけに求めているようでマイナスの印象

ワンポイントアドバイス

市役所や県庁の職員など一般の公務員は「行政職」、自衛官をはじめ、警察官、消防官、刑務官などは「公安職」。なかでも、警察官や消防官は地方公務員だが、自衛官はその特有の任務から特別職の国家公務員であることを知っておこう。このような質問にも違いをきちんと話せるように用意しておきたい。また、公安職は一般の公務員より給料が10〜15%程度高いことから、こうした待遇に応えて真摯に職務に取り組む姿勢を見せるようにする。

フォローアップ

発展質問 なぜ警察官ではなく、自衛官を志望するのですか?

狙い 自衛官に対する思いや、熱意を知ろうとしている。

答え方 警察官と自衛官の違いを踏まえたうえで、「自衛官でなければならない理由」を明確にして具体性を示して伝え、やる気と熱意をアピールしたい。「人々の安全を守る仕事がかっこいいからです」などといった、あいまいな理由はNG。

本気度が伝わる回答◎

はい！ ①一般の公務員は行政職であるのに対し、自衛官は公安職であり、行政職に比べて命の危険をはらむ職種です。ですが、それだけ体を張って人のために役立っているという充実感をより強く感じることができる職であり、それが私の志望動機にもなっています。【面接官：行政職より給料が高いことについてどう思いますか?】その分、責任を感じますし、命の危険も伴います。また、②国民の税金から給料をいただくことになるので、そのありがたみを意識しながら任務や訓練に全力で取り組みたいです。

① 違いをきちんと理解している

違いについて聞かれているので、まず一般の公務員と自衛官の違いを説明することで、全体の説得力が増す。それに加えて、なぜ自分が公務員の中でも自衛官を志望するのかを伝えているので、自衛官に対する意欲が感じられる。

② 感謝の気持ちを念頭に置き、仕事に対する意欲につなげている

給料の良し悪しだけでなく、国民の税金であることに触れることで回答に厚みが出る。また、感謝の気持ちを持ちながら職務にあたることを伝えていることから、受験生の誠実さが伝わり好印象。

5W1Hでつくる自分の回答「公務員と自衛官の違い編」

		一回答メモー
WHAT	どこに一般の公務員と自衛官の違いがありますか?	
WHO	誰か自衛官を選ぶきっかけになった人はいますか?	
WHEN	いつ自衛官の道を選びましたか?	
WHERE	きっかけになった場所はありますか?	
WHY	なぜ自衛官でなければいけないのですか?	
HOW	自衛官としてどのように仕事をしていきたいですか?	メモを組み合わせて回答をつくろう！ 回答のつくり方は→P.71〜

希望の職種（職域）は何ですか？

質問の狙い！ 自衛官という仕事に対する理解度や考え方などを聞き出すことで、意欲を確認する意図があります。

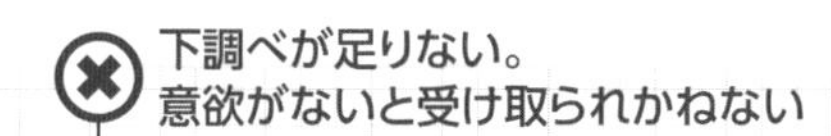

はい、海上自衛隊を志望していますが、職種までは考えていませんでした。ただ、興味があるのは砲撃手です。テレビで護衛艦から発射されるミサイルを見たことが海上自衛隊に入りたいと思うようになったきっかけなので、いずれは海上での射撃訓練に参加したいです。

武器や兵器に対する興味や憧れによる志望はプラスの評価になりにくい

「よくわかりません」

志望する職種だけでなく、自衛隊が何をやる組織なのかも分かっていないと思われてしまう。志望する職種がないと、自衛隊を志望する理由もあやふやになってしまう。

ワンポイントアドバイス

実際に自衛官になると、たくさんの厳しいことに直面する。憧れだけでなく、自衛隊の仕事と役割をきちんと理解して、なぜその職種を志望するのかを伝えたい。また、「かっこいい」という表現は自衛官の面接では不適切なので避けたほうが無難だ。

フォローアップ

発展質問 無線技士免許を持っていますが、通信科に興味ありますか?

狙い 関連する仕事に対する意欲を確認している。

答え方 免許を取った経緯などと希望の職種を伝える。働きたい職種があり、関連する資格を持っている場合は、質問を促すために面接カードでアピールしておきたい。

本気度が伝わる回答◎

はい！　私は日本の国防を担う自衛官の業務全般に関心を持っていますが、なかでも①陸上自衛隊の普通科で働きたいと思っています。【それはなぜですか?】さまざまな作戦遂行能力が必要とされる普通科は、陸上自衛隊の骨幹をなす重要な部隊だと思うからです。その反面、もっとも厳しい職種というイメージが自分の中にはありますが、厳しい訓練から逃げるために違う職種を選ぶことだけは絶対にしたくありません。②あくまでも今の段階で志望するのは陸上自衛隊の普通科ですが、どの職種であっても、与えられた仕事に積極的に取り組んでいきたいです。

① 具体的な職種名とその職種の仕事について触れている

具体的に自分が志望する職種を伝えることで、職種について勉強していることや意欲があることをアピールできている。厳しい環境に身を置く覚悟ができていることが伝わる点もよい。

② 柔軟性のある対応ができている

前向きなニュアンスで、どの職種でも意欲的に取り組めるという姿勢を伝えている。しかも、その理由が自衛官としての仕事の本分と一致しているので、志の高さも伝わってくる。

5W1Hでつくる自分の回答「希望職種編」

		一回答メモー
WHAT	どんな職種に就きたいですか?	
WHO	誰かその職種に就きたいと思うきっかけになった人はいますか?	
WHEN	いつその職種に就きたいと思いましたか?	
WHERE	どこでそのきっかけに出会いましたか?	
WHY	なぜその職種に就きたいのですか?	
HOW	その職種に就いてどのような活動がしたいですか?	メモを組み合わせて回答をつくろう！ 回答のつくり方は→P.71～

希望の職種（職域）に就けなかったらどうしますか？

質問の狙い！ 希望通りの職種に就けなかったとしても、自衛官として働く意志があるのかを確認しています。

自衛官になれるのなら、贅沢を言うつもりはありません。公務員になれるのであれば、どこの職種でもかまいません。どんな上官の指示にも従い、与えられた仕事をまっとうしますので、よろしくお願いします。

✖ 公務員という身分にしか意欲がないように見られる

✖ 八方美人な回答は、媚びている印象を与えてしまう

「どこでもかまいません」

どんな職種でも真剣に取り組めることは大事だが、なぜどこでもかまわないのかを伝えなければ本気度をアピールできない。このフレーズを口にするときは、しっかりと自分を持って回答したい。

ワンポイントアドバイス

自衛隊の場合、希望通りの職種に就けないことも多いので、順応性や適応力をアピールすることを心がけるとよい。志望する職種を持つことは大事だが、自衛官になりたい動機がどんな職種でも意欲を持って取り組めるものでないと、ボロが出てしまうので注意が必要だ。

フォローアップ

発展質問　きつい仕事でも大丈夫ですか？

狙い　心身の強さに自信があるのかを確認している。

答え方　「はい、大丈夫です」と答えたうえで、理由と根拠を述べる。部活動や集団行動で鍛えられた体験談などを盛り込むと説得力が増す。

本気度が伝わる回答◎

組織の人事ですから、すべてが希望通りにいかないことは承知しています。①どの職種に配属されたとしても、国防の一翼を担いたい、人々の役に立ちたいという、自衛官としてやりたいことに変わりはありません。希望の職種に就けるよう②精一杯努力しますが、それでもダメだった場合、可能性を広げるチャンスだと思い、新しい目標を設定してチャレンジしていきます。ずっと続けてきたサッカーでも、希望するフォワードにはなれなかったもののディフェンダーとしてレギュラーに昇格した経験があるので、思い通りにいかなかったときにも努力できる自信があります。

① 理由をしっかりと説明できている

自衛官としてやりたいことを最優先に考えているので、どんな職種に配属しても心配ないと思ってもらえる。組織の事情を理解しようとする誠実な人柄や自衛官になりたい強い気持ちも同時にアピールすることができている。

② 前向きに取り組む気持ちがあることが伝わる

配属されたらがんばるという受け身の姿勢ではなく、希望の職種に就けるように努力するという姿勢からも積極性が感じられる。希望だけに固執しない、高い順応性や適応力もアピールできている。

5W1Hでつくる自分の回答「希望職種編」

		一回答メモー
WHAT	希望する職種は何ですか?	
WHO	その職種を志望するうえで誰か影響を受けた人はいますか?	
WHEN	いつその職種を志望するようになりましたか?	
WHERE	そう思うきっかけになった場所はありますか?	
WHY	なぜその職種を志望しているのですか?	
HOW	望まない職種に配属されたら、どう気持ちを切り替えますか?	メモを組み合わせて回答をつくろう! 回答のつくり方は→P.71～

Q.23 自衛官として、どれくらいの年数勤務しますか？

質問の狙い！ 長く勤める意欲があるのか、すぐに辞めてしまわないのかを確認しようとしています。

ダメな回答例

お金のために入隊し、すぐに辞めるつもりなのは印象が悪い

そうですね……、お金を貯めて飲食店などをしてみたいので、30歳になる前には辞めると思います。

はっきり考えてはいませんが、5、6年でしょうか。自衛官になればいろいろな資格を取ることができると聞いていますので、辞める前に早く資格を取りたいと考えています。

資格を取ってさっさと転職する気に見える

ワンポイントアドバイス

せっかく採用して教育し、技術や体力を身につけさせても、すぐに辞められてしまっては採用や教育にかかる手間暇や費用が無駄になってしまう。そのため、面接官としては長く勤める気持ちのある受験生を優先して採用したい気持ちが強い。2、3年ごとの任期制の「自衛官候補生」なら正直に答えてもよいが、「一般曹候補生」を志望するなら、長く勤めるつもりであることを伝えたい。

フォローアップ

発展質問 自衛官候補生は任期制ですが、いつまで勤める考えですか？

狙い 自衛官候補生制度について知識があるのかを確認している。

答え方 自衛官候補生の場合は任期満了時に継続するか、民間へ就職するかを選択できるので、自分の人生設計プランを述べてもよい。ただ、自衛官の仕事を軽んじるような表現は絶対に避けること。

本気度が伝わる回答 ◎

①はい！　自衛官は一生の仕事と考えていますので、できるだけ長く勤めたいと考えています。【面接官：毎年体力検査があり、体力の維持が求められる仕事ですが大丈夫ですか？】はい！　自衛官の仕事に体力が求められるのは当然だと思いますので、体力維持には努めていくつもりです。少しでも長く日本のために働くためにも、日々の訓練を怠らなければ大丈夫だと思います。また、②部隊で重要な役割を担えるよう、何らかの専門的な技術も身につけて、長く自衛隊の活動に貢献していきたいと考えています。

① 率直に長く勤めるつもりであることを伝えている

長く勤める意欲があることを率直に伝えていて好印象。自衛官の定年年齢が他の職業よりも早いのには理由がある。そのことをしっかりと理解したうえで、「できるのであれば長く勤めたい」という意志もきちんと伝えている。

② キャリアプランも描いて、長く勤める意欲が伝わる

自衛隊に入ってどうなりたいかというキャリアプランも描いており、職務に対する意欲とともに、長く勤めるつもりであることが伝わる回答になっており、好感が持てる。

5W1Hでつくる自分の回答「勤務年数編」

		ー回答メモー
WHAT	自衛官の定年が早いことをどう考えますか?	
WHO	誰か退職後について相談する人はいますか?	
WHEN	いつ退職しようと考えていますか?	
WHERE	退職後はどこで働きたいと考えていますか?	
WHY	なぜそのような人生設計にしたのですか?	
HOW	どのように退職後を過ごしたいですか?	メモを組み合わせて回答をつくろう！ 回答のつくり方は→P.71～

5 自分の言葉でつくるベスト回答　志望動機編

Q.24 自衛官になることをご両親は何と言っていますか？

質問の狙い！

家族の理解がないと自衛官を続けるのは難しいもの。受験生が親に理解を得て、良好な関係を築いているかを確認することが多いので、親と話をしましょう。

質問の答えになっていない。聞かれたことにきちんと答える

はい、就職活動について相談しています。どの仕事がいいかを相談する中で、自衛官になることもすすめられました。また、自衛官の仕事だけでなく、ほかの民間企業の仕事の相談もしています。自衛官については、自衛隊で実際にはどんな仕事をするのか、何が大変なのか、待遇はどうなのかということを聞いています。

「親がすすめたから」では、主体性のなさを露呈してしまう

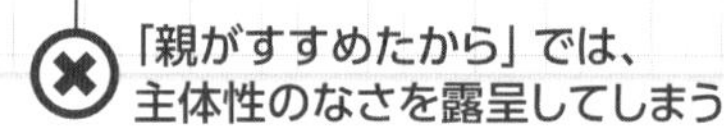

聞かれた質問にきちんと答えるのは基本中の基本。的外れな回答をしないように注意。ここでは、自衛官になることに対して親が何と言っているか、賛成しているか反対しているかを伝える。もし反対されているなら、説得してから受験しよう。また、親がすすめたからという発言では、主体性のなさ、意欲の低さを感じてしまう。最終的に自分で選択し、自衛官になることを決意した考えを伝えたい。「ほかの民間企業の仕事も相談しています」も、ズレた回答なので伝える必要はない。

フォローアップ

発展質問 配属によっては地元を離れることになるけど、大丈夫ですか？

狙い 実家を離れても家族と良好な関係でいられるか、家族の支援を受けられる人物かを見ようとしている。

答え方 「はい。実家を離れても親とは連絡を密に取り、連休などには帰るようにしたいです」などと、家族を大事にする姿勢を見せよう。親が大事でも、「地元を離れたくありません」などというのはNG。

本気度が伝わる回答 ◎

はい！　両親も自衛官になることを応援してくれています。【面接官：危険な仕事でも？】はい、そもそも両親は「あなたがやりたいことをやったらいい」と言ってくれて、私の意志を尊重してくれています。①【賛成してくれているということですね】はい、自衛官になりたいと初めて伝えたときも、「国にとって必要不可欠の大事な仕事。危険も多く責任感の必要な仕事だが、一生懸命にがんばれ」と励ましてもらいました。②

① 親が子を応援している良好な関係が見える

親子の関係性は、面接官が気になることの一つ。なぜなら、親子関係に問題があると、職場の人間関係や仕事に対する向き合い方にマイナスの面が出ることが多いからだ。この回答では親が自衛官になることを応援している様子が伝わるので、面接官も安心できる。

② 自衛官になることを親ときちんと相談している

採用後に親の反対で仕事を辞められては困るので、このような回答があると面接官は安心できる。親子関係は人によってさまざまで、相談しにくいこともあるかもしれないが、就職活動では応援してもらわなければならない。親とは面接の前にしっかりと話をしておこう。

5W1Hでつくる自分の回答「家族の理解編」

		一回答メモー
WHAT	両親は自衛官になることを何と言っていますか?	
WHO	両親以外で誰かに相談しましたか?	
WHEN	いつ自衛官になりたいということを伝えましたか?	
WHERE	どこでそのことを相談しましたか?	
WHY	なぜ両親は賛成（反対）なのですか?	
HOW	(最初反対の場合) どのように説得しましたか?	メモを組み合わせて回答をつくろう! 回答のつくり方は→P.71～

Column 6

民間と公務員

民間企業は、基本的に利益にならないことはできない。組織のすべてがそのために動き、社員も利益をあげてくれそうな人物が優先して採用される。一方、自衛官を含む「公務員」の最大の目的は市民にサービスを提供することで、金銭的な利益に関係なく奉仕する精神を持った人が求められる。社会には社会共通資本、社会共通制度といった儲けにならなくても必要な分野がたくさんある。身近な仕事では、ごみ処理、大気や水の汚れをチェックする仕事、それに自衛隊や警察の仕事もそうだ。公務員の仕事はこのような公共の利益を目的としており、自衛官も国民への奉仕者として勤務するのだという基本を押さえておく必要がある。面接官が、「なぜ民間企業も受けるのか」としつこく聞くのは、そのような公務員の役割や仕事を理解したうえで受験しているかを見るためだ。

民間企業を受験しているかと聞かれたらどうすればいいですか?

正直に答え、「自衛官が第一志望で、採用されれば必ず入隊したい」と伝えよう。民間を受ける理由は「すべり止め」は避け、「職には就かなければならないので」などとしよう。

Chapter

自分の言葉でつくるベスト回答
―時事・性格質問編―

Chapter 6では、時事問題にどれだけ関心を持ち、常識的な考えを持っているか、自衛官に求められる資質を持っているか、仲間として活動していきたいと思える人物なのかなど、受験生の人物像を探る質問について、どのような回答の仕方があるのかを見ていきましょう。

時事・性格質問の回答のつくり方

■ 時事ネタは普段から収集し、自分なりの意見を用意しておこう
■ 性格質問では、前向きさと健全な趣味嗜好を伝えたい

時事質問も性格質問も、準備しておくことが大事

時事ニュースに関する質問に答えるには、日頃からニュースに関心を持ち、新聞などで知識を得ておく努力が必要。一方、性格や趣味についての質問は、一緒に働きたい人物かどうか人柄を知るためのもの。自己分析をして、体験を基に答えをつくっておこう。

時事・性格質問の回答をつくるためのステップ

時事質問も性格質問も、質問される可能性は高いため、準備をしておきたい。それぞれ、2つのステップでできる回答のつくり方を、次ページの説明に沿って身につけ、自分なりの回答を準備しておこう。

● 時事質問の回答のつくり方

STEP 1 ニュースをチェックする習慣をつける

STEP 2 興味を持った理由&ニュース内容を把握

● 性格質問の回答のつくり方

STEP 1 自己分析をする

STEP 2 自衛官にふさわしい体験を選んで説明

時事質問の回答のつくり方

STEP 1 ニュースをチェックする習慣をつける

新聞やテレビのニュースをできるだけ毎日見るようにして、時事ニュースを知る習慣をつけよう。毎日のように見ていれば、どんなニュースが話題になっているかわかるはずだ。その中から、気になるものは、さらにインターネットなどで調べるとよい。

STEP 2 興味を持った理由&ニュース内容を把握

気になるニュースの中から、さらに3～4個を絞り込んで、そのニュースの内容と自分が興味を持った理由を文章にしてみよう。ニュースは興味が湧いたものなら何でもよいが、有名なものから一つは選んでおく。また、自衛に関するものも一つはあるといいだろう。

性格質問の回答のつくり方

STEP 1 自己分析をする

自分はこういう性格だと思える要素をできるだけ多く書き出す。さらに、なぜそう思うのか、その性格であることを示す体験や出来事なども書いてみる。自分だけで考えるのではなく、家族や友人にも聞いてみよう。

STEP 2 自衛官にふさわしい体験を選んで説明

STEP1で挙げた性格の要素の中から、自衛官にふさわしいと思えるものを選び、「こういう性格なので、自衛官として活躍できる」という流れになるように文章にしてみる。その性格であることを示す趣味や習慣、特技などがあれば、説明に付け加えるとよい。

ネガティブな性格要素は、たとえ自覚があっても自分から面接で話す必要はない。前向きな部分やそれを示す体験談を明るく話すようにしよう。

Q.25 関心のある最近のニュースを教えてください

質問の狙い！ 社会のことにどの程度関心を持っているか、どんな分野に興味があるか、どのようなものの見方をする人物なのかなどを見極めたいと考えています。

関心がある理由が弱い。なぜ関心があるのか見えてこない

はい、A県で起きた観光バスの交通事故に関心があります。【面接官：それはなぜですか?】それは、どこでも起こりうる事故で、たくさんの死傷者を出したからです。人ごとではないと思いました。【どんな事故だったのですか?】詳しくは調べていないのですが、たしか居眠り運転によるものだったと記憶しています。【どういったところが特に関心を引いたのですか?】はい、……自分の身に起きたら恐いと思った点です。

関心があるはずのニュースなのに、知識が乏しい。自衛官と関わりもうすい

ワンポイントアドバイス

付け焼刃ではなく普段からニュースに関心をもち、新聞などで情報収集しておくこと。どんなニュースになぜ関心を持ったのか、そこから何を感じ、どう考えるか、順序立てて話せるようにしておきたい。自衛隊や国防に関する出来事や時事用語を理解しておくことも大切。

フォローアップ

発展質問 どうしたら、こういう事故を未然に防げると思いますか?

狙い ニュースについて、どこまで考えているか確認している。

答え方 「はい!」と返事したあとは即答せず、しっかりと考える。答えは問題を根本から解決できる名案でなくてもいい。たとえば、「普通の回答かもしれませんが、何よりも起こりうる事故を想定した予防が大事だと思います…」など、現実味のある案を提示する。

本気度が伝わる回答 ◎

はい！ ①2月に関東甲信地方をおそった大雪で、観光バスやホテルの宿泊客が孤立してしまった事件です。消防や警察も救助に向かおうとしたのですが、あまりの大雪にたどり着くことができず、陸上自衛隊や航空自衛隊が人命救助や救援物資の輸送、除雪などを行って、ようやく難を逃れることができたそうです。自衛隊が国民の安全を守る最後の砦のように思えて、非常に頼もしく感じられたのが強く印象に残っています。後で調べてみると、数千世帯が孤立状態になって、②延べ5千人以上の自衛官の方が救援活動を行っていました。一般のニュースではほとんど取り上げられていませんでしたが、過酷な状況を克服し、多くの人を救った自衛隊の活動に感動し、私が自衛官を志望するきっかけになりました。

① 自衛官の仕事に直結したニュースを収集している

自衛隊や国防に関する重要なニュースに関心を持って内容を把握しておくと好印象。一般的な評価や解釈と自分なりの感想・意見を用意しておこう。

② 興味のあるニュースを調べて、志望動機につなげている

興味を持ったニュースについて、自分で調べてより多くの情報を得ている姿勢は評価される。また、そのニュースの話を自衛官を志望する動機につなげており、アピールにつながる。

5W1Hでつくる自分の回答「ニュース編」

		ー回答メモー
WHAT	何のニュースに関心がありますか?	
WHO	誰が関係していますか?	
WHEN	それはいつのニュースですか?	
WHERE	どこで起きたニュースですか?	
WHY	なぜそれに関心があるのですか?	
HOW	そこで思ったことをどう仕事に活かしますか?	メモを組み合わせて回答をつくろう！ 回答のつくり方は→P.71～

PKOに関して、あなたの意見を教えてください

質問の狙い！ 自衛官を志望するのなら知っているはずのPKOに関する知識があるのかを確認しています。

ⓧ PKOについて勉強していないことがわかる

えー、たしか内乱とかが起こっている外国を助けるために自衛隊が海外に派遣されることだと思います。困っている国を助けに行くのは、いいことだと思います。私も機会があれば、外国で活躍してみたいです。

ⓧ 志望理由が安直で、危険性などの自覚がない

ワンポイントアドバイス

PKOは今日の自衛隊の重要な任務の一つ。自衛官を目指すのなら、内容をしっかりと調べ、自分なりの感想を持っておく必要がある。PKO（国連平和維持活動）とPKF（国連平和維持軍）の違いや、自衛隊がPKOに参加するようになった経緯ぐらいは頭の中に入れておくこと。加えて集団的自衛権とPKOにはどのような関係性があるのかも勉強しておきたい。

フォローアップ

発展質問 「国連平和協力活動をどう考えますか?」

狙い 国連平和協力活動に対してどのような意見を持っているのかを聞きたがっている。

答え方 「海外で活動したいです」と答えると、「だったらボランティアでいいのでは?」と聞き返される場合もある。考え方が評価の対象になるわけではないが、しっかりと勉強をして、自分の意見を固めておこう。

本気度が伝わる回答 ◎

①はい！ PKOは、国連を中心とした国際社会が、世界の平和と安定を実現するために行う活動であると認識しています。これまで自衛隊は国際平和協力法に基づいて、非戦闘地域でインフラの整備や医療支援、補給物資の輸送などの人道的支援を行ってきましたが、内戦が続く地域が多い近年の国際社会の中で、その役割の重要性はますます高まっていくと考えています。これはPKOに限った話ではないと思います。②エジプト・シナイ半島の多国籍部隊・監視団への派遣は自衛隊にしかできないことで、積極的に国際平和を追求するうえで欠かせない重要な任務だと考えています。私も自衛隊の一員として、その活動に尽力していきたいです。

本気度が伝わるステップアップ

① PKOについてしっかりと勉強している

PKOの意味を理解していることがわかる。自衛隊の活動内容は憲法にも関わりのある複雑な問題で国内でもさまざまな意見がある。一つの見解だけではなく、幅広く理解したうえで自分の意見を持てるようにしたい。

② 自衛隊だからできることを理解している

ボランティアとして活動すればいいと思われる回答をしがちなところだが、自衛隊にしかできないことを強調しているので説得力がある。自衛官として活動したいこともしっかりと伝えている。

5W1Hでつくる自分の回答「PKO編」

		ー回答メモー
WHAT	PKOとは何ですか?	
WHO	PKOとは誰のために行う活動だと思いますか?	
WHEN	いつから日本がPKOに参加したか知っていますか?	
WHERE	どこで日本がPKOに参加したか知っていますか?	
WHY	なぜ日本がPKOに参加する必要があると思いますか?	
HOW	どのようにして日本はPKOに協力していけばいいと思いますか?	メモを組み合わせて回答をつくろう！ 回答のつくり方は→P.71〜

Q.27 得意科目を教えてください

質問の狙い！　なぜその科目が得意だといえるのか、その科目を学んで何を得たのかを知りたがっています。

多くの科目を挙げるのではなく、一つに絞って詳しく話したほうがよい

はい、国語と歴史、地理など社会科全般が得意です。小学生の頃から計算問題が嫌いだったので、総合的な学習の時間に本を読んだり、史跡を見に行ったりしているうちに得意になっていました。国語と歴史のテストは、いつも上位の成績でした。

理由が消去法的だと、苦手なものから逃げている印象を持たれる

「特にありません」

この回答では対話が成り立たず、何のアピールもできないまま終わってしまう。「比較的好き」な科目でもかまわないので、理由も含めて伝えることができるようにしておこう。

ワンポイントアドバイス

好きな科目の成績がよいのならそのまま得意科目とするべきだが、成績やテストの結果に自信がない場合は好きな科目を述べればよい。好きな科目は、好きになったきっかけや面白いと感じる部分などを、エピソードをまじえて語れるように準備をしておこう。

フォローアップ

発展質問　不得意科目をどのように克服しようとしましたか？

狙い　困難に対処できる人物かどうかを見極めようとしている。

答え方　苦手を克服するために必要だと思うことやいま取り組んでいる努力を述べると、向上心があることが伝わる。

本気度が伝わる回答 ◎

①はい！　得意科目は政治学です。小学生の頃に公民の授業で、いまの日本がどのような仕組みで成り立っているのかを学び、興味を持ったことがきっかけです。以来、新聞を読んだり、ニュースを見たりしながら政治について考えるようになっていたので、法学部政治学科に進学しました。

【不得意科目は何ですか？】はい、世界史が苦手でした。理由は、単に知識を暗記することに意味を感じなかったからです。しかし、大学の準必修科目の近代史で具体的な事件の内実を知って興味が湧きました。史実の背景にどんな思想の流れがあるのかを調べると、歴史を学ぶのが面白く感じるようになりました。②この経験を通じ、苦手なことでも自分が興味を持てるように改善すれば得意にできることを学びました。

① きっかけや理由もきちんと伝えている

どのようなきっかけで興味を持ったのかを話せるようにしておくと、その科目が好きであることも伝わる。興味を持ち、夢中で勉強しているうちに得意科目になっていたことが話せるとより効果的だ。

② 苦手なことに諦めずに取り組む姿勢をアピールできている

苦手なことを素直に認めているだけでなく、克服するためにどのような努力をしてきたかも述べられている。その経験が仕事にも生かせることをアピールできている点もよい。

5W1Hでつくる自分の回答「得意科目編」

		一回答メモー
WHAT	好きな科目は何ですか?	
WHO	その科目が得意になったきっかけになる人はいますか?	
WHEN	いつからその科目が得意になりましたか?	
WHERE	どこでその科目に興味を持ちましたか?	
WHY	なぜその科目に興味を持ったのですか?	
HOW	どのようにして苦手科目を克服しましたか?	メモを組み合わせて回答をつくろう！

回答のつくり方は→P.71～

Q.28 友人からはどんな性格と言われますか?

質問の狙い! 他人とうまくやっていける人物か、集団の中でどのような役割を果たしているかを確認しています。また、人柄や日常の生活態度も見ようとしています。

そうですね。友人からはよくお調子者と言われます。飲み会でも初対面の人たちを盛り上げようとつい調子に乗りすぎて、相手の話に合わせて思ってもいないことを言ったり、違う人には逆のことを言ったりすることがあって、意見がフラフラするような印象だったからだと思います。しかし、それは場を盛り上げるのが得意ということで、私の長所だとも思っています。

✖ わざわざ自分の短所を長々と述べている

✖ 発言が面接というシチュエーションに合っておらず、学生感覚が抜けていない

ワンポイントアドバイス

面接はすべて自己PRなので、短所は少なめにして自分のPRになることをわかりやすく発言しよう。しかし、よい面ばかりを強調してしまうと自信過剰のように見られてしまう。事前に友人に意見を聞いておくとよい。飲み会で調子よく意見をフラフラ変えたというエピソードは、友人の間で話すにはよいが、面接の場で話すには不適切。

フォローアップ

発展質問 友人は多いですか? 親友は何人いますか?

狙い 人間関係の築き方や他人との関わり方を確認している。

答え方 友人は多ければよいというわけではない。表面だけの付き合いの友人しかいないのだろう、と思われることもある。かといって、ほとんどいないと答えたら人間関係に問題があるのでは? という印象を持たれる。その場合は、本当に親しい友人のことを話すようにしよう。

本気度が伝わる回答◯

はい、友人からは前向きでがんばり屋だと言われます。①【面接官：それはなぜだと思いますか？】いままで困難なことがあっても、明るく前向きに乗り越えようとしてきたからだと思います。アルバイト先のカフェでも忙しい時間は大変なのですが、②明るく取り組み、正確な注文の取り方や効率的な片づけ方などを工夫して仕事を改善させてきたので、そういう部分を見てくれて、認められているのではないかと思います。

① 自衛官としての資質を感じられる

「前向きでがんばり屋」「いままで困難なことがあっても、明るく前向きに乗り越えようとしてきた」と述べており、自衛官に必要な資質を持っていることがうかがえる。

② 体験を添えて説得力を高めている

「前向きでがんばり屋」を裏づける体験談として、アルバイト先の取り組みなどを具体的に述べている。考えと行動がズレていないことが伝わり、説得力が高まる。反対に具体的な経験談を伝えないと説得力がなく、面接官から「具体例を教えて」と質問されることも。

5W1Hでつくる自分の回答「人間関係編」

		ー回答メモー
WHAT	友人から何と言われますか？	
WHO	友人以外で誰かから同じことを言われましたか？	
WHEN	どういったときにそれを言われますか？	
WHERE	どこで言われますか？	
WHY	なぜそう言われたのだと思いますか？	
HOW	どのようにその性格を仕事に活かしますか？	メモを組み合わせて回答をつくろう！ 回答のつくり方は→P.71～

Q.29 座右の銘は何ですか?

質問の狙い！

受験生の人生観や物事の見方、考え方を知ろうとしています。また、一般常識や教養を持っているかどうかも判断しようとしています。

言葉の意味を正しく理解していない。この例なら「初志貫徹」

はい……。「首尾一貫」です。【面接官：それはなぜですか？】えー……、何事も基本が大事で、自分の最初の気持ちを大事にすることが大切だと思うからです。これからいろいろと大変なこと、厳しいこと、つらいことがあると思いますが、初心を、なぜ最初に自衛官になりたかったのか、という大事なことを忘れずにいれば、乗り越えられると思います。

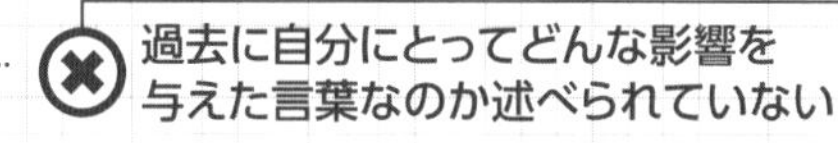

「思います」

自分の決意などを語るときに、「〜だと思います」という表現では主張に自信がない印象を与えてしまう。伝えたいことは「〜です」と言い切るほうがよい。

ワンポイントアドバイス

言葉の意味を理解しておくことはもちろん、それが自分にとってどんな影響を与えたのか、日々の生活にどう活かされているかを説明しよう。苦しまぎれにその場で思いついた座右の銘を言ってしまうと、突っ込まれて答えられないときに大きく減点されるので注意。

フォローアップ

発展質問 日常生活で何か心がけていることはありますか?

狙い 受験生の物事の考え方、人生観、人柄などを知りたい。

答え方 まず自衛官にふさわしいポジティブなものを選んで伝える。そして、なぜそれを心がけているのか、そのきっかけや理由を説明し、それを心がけることで得たものや将来得られるであろうものを伝えよう。

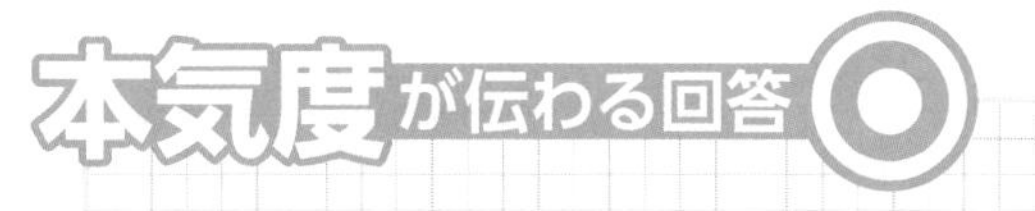

①

はい！　私の座右の銘は「千里の道も一歩から」です。【面接官：それはなぜですか?】野球部に所属していたのですが、監督が部員に「大きい夢を持て」という言葉を投げかけ、「そしてそれを達成するには千里の道も一歩からという精神が大切だ」と教えてくれました。厳しい練習や負け試合と、何度も挫けそうになる場面がありましたが、それらの言葉を胸に練習を続け、甲子園出場という夢を追いかけました。【結果どうなりましたか?】県大会決勝で1対2と、惜しくも敗れてしまいましたが、一つひとつの努力や経験が積み重なって大きな夢に届くのだと実感できました。自衛官になっても、国民を守るという目標に向け、一つひとつの職務を大切に行っていきたいです。

②

① 座右の銘の意味を正しく理解している

「千里の道も一歩から」の言葉の意味を正しく理解しているので、話に矛盾が生じておらず、アピールしたい部分がしっかりと伝わる内容となっている。

② どう自分に影響を与えたかについてのエピソードがある

それがなぜ座右の銘となったのか、具体的なエピソードを述べているので理解しやすく、実際にそれが座右の銘であるという現実味が出ている。また、それを自衛官の仕事につなげることにより、意欲も感じられる。

5W1Hでつくる自分の回答「座右の銘編」

		一回答メモー
WHAT	座右の銘は何ですか?	
WHO	誰からその言葉を教わりましたか?	
WHEN	いつそれが座右の銘となりましたか?	
WHERE	どこかきっかけになった場所は?	
WHY	なぜそれが座右の銘なのですか?	
HOW	どのようにその座右の銘があなたに影響を与えましたか?	メモを組み合わせて回答をつくろう！ 回答のつくり方は→P.71～

Q.30 最近読んだ本を教えてください

質問の狙い！

受験生の関心がどこにあるか、読書習慣があるかどうかを知るための質問。読書傾向だけでなく、内容の理解度も確認しようとしています。

ダメな回答例

マンガを取り上げるのは避けたい

最近読んだ本ですと、マンガの『○○○』が面白かったです。主人公は一人の少年なのですが、この少年が奇怪な事件に巻き込まれ、その事件を友人とともに解決していくという話です。少年の大人顔負けのびっくりするような推理が面白いですし、犯人との格闘シーンはとても迫力があり、また、複雑な人間関係も面白いです。

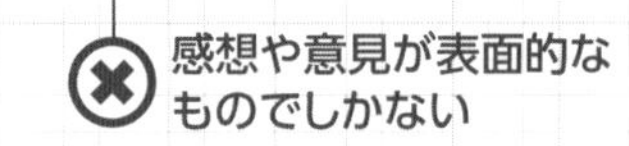

感想や意見が表面的なものでしかない

NGワード

「マンガ」「ホラー」など

単純な娯楽作品ではなく、自分の考え方や意識を高めることのできる読書をしていることを伝えたい。読書習慣がなくても、話題の本など数冊は読んでおこう。

ワンポイントアドバイス

マンガや「本を読まない」という回答はNG。読書は教養や思考力、感受性などを身につけるので評価される。ぜひ読書を習慣化しよう。読んだ本のタイトルと著書名、簡潔な内容、どんな感想を持ったか、どこに感銘を受けたか、何を学んだかについて整理しておこう。

フォローアップ

発展質問 月に何冊、本を読みますか？

狙い 本を読むことが日常化しているのか見ている。

答え方 普段からよく本を読む人はそのまま答えればよい。あまり読まない人も思いつく限りの読んだ本を思い出し、それを月何冊かに換算して答える。趣味が読書と言って月に1冊しか読まない、では整合性がない。

本気度が伝わる回答◎

はい！　私が最近読んだのは三浦しをんの『舟を編む』です。①出版社に勤務する辞書編集部の主人公が新しい国語辞典を作る話です。言葉には、自分や他人を傷つけることも勇気づけることもできる力があるということを知りました。【面接官：他にはどんなところがよかったですか?】辞書の世界に没頭する主人公が適切に言葉を表現しようと奮闘するところです。②仕事に真摯に向き合い、自分ばかりではなく誰かのために一生懸命になって取り組む姿に感動しました。読んだ後に気持ちが温かくなる一冊です。

① 本の内容を簡潔にまとめている

最初に概要を簡潔に伝えることで、未読の面接官はどんな本なのか、ある程度イメージしやすくなり、その後の感想も理解しやすくなる。本の内容は長々と話してしまいがちなので注意して、しっかり感想も言えるようにする。

② 感想や意見を伝えることで本の理解度を示している

上っ面の意見だけなら概要を見ただけでも言えるので、浅い感想・意見は面接官に「本当は読んでいないのでは？」という印象を与えてしまう恐れがある。しかし、この回答であればどういったところに感動したかまで伝えているので、本に対する理解度もわかる。

5W1Hでつくる自分の回答「読書編」

		一回答メモー
WHAT	最近読んだ本はなんですか?	
WHO	誰がその本の著者ですか?　その著者のほかの作品は読みましたか?	
WHEN	いつそれを読みましたか?	
WHERE	その本のどこがよかったですか?	
WHY	なぜその本を読んだのですか?	
HOW	どのようにその本はあなたの心を打ちましたか?	メモを組み合わせて回答をつくろう！

回答のつくり方は→P.71～

学生時代にもっとも苦労したことは?

質問の狙い! 学生時代にどんなことに一生懸命取り組んできたのか、がんばってきたのかを知りたがっています。

ダメな回答例

高校時代は、付き合っていた彼女といつも喧嘩ばかりだったので、気が休まらなくて本当に大変でした。大学に入ってからは、自宅から学校まで片道2時間もかかったので、毎朝早く起きて通学することがとにかく大変でした。おかげでアルバイトをする時間もなかったので、いつもお金がなく、友だちと遊ぶこともあまりできませんでした。

✖ 努力や前向きな姿勢など、アピールできる要素が含まれていない

✖ グチでしかない。人柄や成長を表現できる苦労でないと伝える意味がない

ワンポイントアドバイス

単に大変だったことを述べるだけでは、アピールにならない。困難にどのように立ち向かったのか、行動したことによってどのような成果が得られたのかなど、がんばりも伝わるエピソードを用意しておきたい。人間的に成長できたことも立派な成果なので、目標を達成できたか否かにこだわらず、がんばってきたことを話せるようにしておこう。資格試験に向けて勉強し、取得できた経験がある場合は、面接カードに記載するなどしておくと効果的だ。

フォローアップ

発展質問 人間関係でのトラブルにどのように対処しましたか?

狙い コミュニケーション能力などについて知ろうとしている。

答え方 サークルや部活動、ゼミ、アルバイトなどで、苦手な人にどのように接して、克服してきたのかなどを話すとよい。「合わない人とは関わらないようにしてきました」などの答え方は適当ではない。

本気度が伝わる回答◎

はい！　コンビニのアルバイトで長くリーダーを任されていたのですが、どうしてもウマが合わない、性格が反対の人とペアを組んだときに、どう指導すればいいのかとても悩みました。だからといって逃げてはいけないと思い、①店長やサークルの先輩に相談したところ、社会では個人的に合わない人ともうまくやっていく必要があるのだと教えられました。店長が間に入って話をすると言ってくれたのですが、まずは私自身がその新しく入ったアルバイトと②話し合う時間をとり、作業分担の基本ルールをつくることにしました。それ以来、ストレスなく働くことができるようになりました。

本気度が伝わるステップアップ

① 学ぶ姿勢や乗り越えようとする意欲がある

謙虚な人柄や、悩みを打ち明けられる先輩や上司に恵まれていることがわかる。そのことは人間関係を築く能力やコミュニケーション能力に長けているという評価にもつながり、好感が持てる。

② 困難を乗り越える実行力がある

問題を解決するために自発的に取り組んできたエピソードが、実行力のある人物であることを裏づけている。自分の意見ばかりを押しつけるような人物でないこともアピールできている。

5W1Hでつくる自分の回答「苦労したこと編」

		ー回答メモー
WHAT	苦労したことから何が得られましたか?	
WHO	誰か助言してくれた人はいましたか?	
WHEN	それはいつの経験ですか?	
WHERE	苦労を乗り越えるのに、どこでの経験が活きていましたか?	
WHY	なぜ大変な状況になったと思いますか?	
HOW	どのようにして乗り越えましたか?	メモを組み合わせて回答をつくろう！ 回答のつくり方は→P.71～

Q.32 学生生活から何を得ましたか?

質問の狙い!

有意義な学生時代を過ごしているのか、物事に意欲的に取り組むことができるのかを確認しています。

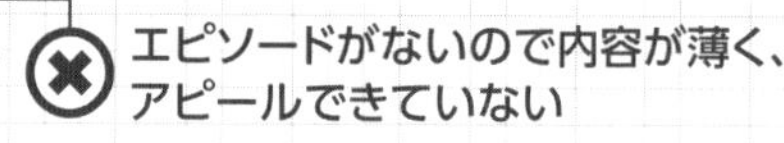

はい、毎日、授業を真面目に受けていたので、ひと通り基本的な学力は身についていると思います。また、テニス部の活動で友だちもたくさんできました。夏合宿や大会出場などはいい思い出になりました。

エピソードがないので内容が薄く、アピールできていない

「得たものはありません」

質問に何か返していかないと会話は成立しない。特別語れるようなことがないと感じていたとしても、会話のきっかけになればいいので、話のネタを事前に用意しておきたい。

ワンポイントアドバイス

学生生活を送ってきた中で、自分にとってプラスになった事柄を具体的な経験談にして回答する。内容は、サークルやクラブ活動、ゼミ、人間関係、アルバイト、趣味、旅行など、熱中してきたことなら何でもよい。どう表現するかによって印象が変わるので、人柄が伝わるエピソードを挙げることができると理想的だ。何に熱心に取り組んだことによって何を得られたのか、それが将来どのような形で活かせると思えるのかまで話せるようにしておこう。

フォローアップ

発展質問 学生時代に失敗したと思うことはありますか?

狙い 失敗したとき、どのように対処していく人物なのかを見ている。

答え方 誰でも失敗した経験はあるはず。失敗から何を得たのか、どのようにして立ち直ったのかなど、後に活きていることまで具体的なエピソードをまじえて伝えよう。

本気度が伝わる回答◎

はい！　高校3年間の野球部での活動を通して、友人や先輩後輩との深い交流を持てたことです。厳しい合宿に耐えたことや試合で勝ったときの喜び、負けたときの悔しさなどの経験をともにしたことで、一生の友だちができましたし、忍耐力や難題に立ち向かっていく気力も身につきました。【具体的には何が得られましたか？】2年生のときに県大会ベスト16を目指していましたが、エースが肩を壊してしまいました。そこでチーム打率を上げてカバーすることになり、練習メニューを工夫し、早朝のバッティング練習をみんなで行い、お互いにフォームチェックなどもしました。おかげでチームの打力が向上し、目標のベスト16を達成できました。

① 話が具体的でわかりやすい

要点をしっかりと絞り、経験談を簡潔に述べることができているので、コミュニケーション能力の高さもうかがえる。また、テーマを一つに絞り込んでいるので、何に真剣に取り組んできたのかよくわかる。

② 前向きな姿勢が伝わってくる

質問に回答すると同時に、自己アピールもできている。チーム一丸となって前向きに取り組んだことで、発想力や団結力など、さまざまな成果が得られたことが分かる。

5W1Hでつくる自分の回答「学校生活編」

		一回答メモー
WHAT	学生生活から得たことは何ですか？	
WHO	誰か学生時代に大きな影響を受けた人物はいますか？	
WHEN	いつの経験が得たものにつながっていますか？	
WHERE	どこでの経験が得たものにつながっていますか？	
WHY	なぜそれを得ることができたのですか？	
HOW	どのようにして得たものを仕事に活かしますか？	メモを組み合わせて回答をつくろう！ 回答のつくり方は→P.71～

Q.33 ストレスはどうやって発散していますか?

毎日を前向きに送ることができる人かどうかを知ろうとしています。また、自分の心身の状態を整える方法を持っているかどうかも知ろうとしています。

ストレス解消ではなく、単なる逃げになってしまっている

そうですね……。アルバイトがとても忙しくてストレスがたまっていました。だからストレスの原因だったアルバイトを辞め、勉強に励むことにしました。

人間関係でストレスがたまるのはNG。お酒に走るという発言もNG

苦手な人と一緒にいると、ストレスがたまります。なので、サークルも人間関係のストレスが原因で辞めてしまいました。解消法は、お酒を飲んで嫌なことを忘れることです。

「ぼーっと過ごす」「部屋でだらだら」「パチンコで」など

消極的、内向的な時間の過ごし方は印象がよくない。積極的で健全なストレス解消法を考えておこう。パチンコなどのギャンブルの話もNG。

ワンポイントアドバイス

「ストレスの原因から逃げれば、解消される」という発言では、「仕事で困難に直面したときも辞めてしまうのではないか?」と、信頼できない印象を与える。スポーツや芸術関係などの健全なストレス解消法があれば、それを素直に話せばよい。

フォローアップ

類似質問 あなたの健康管理方法を教えてください

狙い 日々の生活の中で、心身ともに自己管理ができているか見ている。

答え方 健康維持、体力アップのために気をつけていること、意識して行っていることを伝える。普段から自己管理ができていることをアピールする。

本気度が伝わる回答 ◎

はい！　ランニングが一番のストレス発散方法です。私はいくつか資格を持っているのですが、試験勉強などで忙しくなってしまうときには、睡眠時間も普段より短くなりますし、夜眠るときにもいろいろ考えてしまい、なかなか寝つけなくなってストレスがたまりました。そういうときは、何も考えずに自分の好きなコースを①5kmほど、30分くらいかけて走ります。②そうして体を動かすと、気持ちもずいぶんリフレッシュできます。それに体が少し疲れると夜もぐっすり眠れるので、次の日起きたときには体も気持ちもすっきりとしています。すると、次の日もまたがんばろうと思えるようになります。

① ストレス発散のエピソードが具体的

ストレス発散の方法が具体的なので現実味があり、面接官の理解も得やすい。また、「5 kmほど」や「30分くらいかけて」と具体的な数値を挙げながら説明しているので、さらにわかりやすい内容になっている。

② ストレス発散のための行動が明確になっている

ストレスがたまったときにどうするか、自分なりの解消法を見つけて実践しているところが評価できる。また、「睡眠時間も短くなり」「眠るときにもいろいろ考えて」とストレスの原因を自分で特定できているのも高評価に。

5W1Hでつくる自分の回答「ストレス発散編」

		ー回答メモー
WHAT	ストレス発散方法は何ですか？	
WHO	誰といるとストレスが和らぎますか？	
WHEN	いつストレスがたまりますか？	
WHERE	どこにいるとストレスが和らぎますか？	
WHY	なぜその方法だとストレスが和らぐのですか？	
HOW	どのようにそれを仕事に活かしますか？	メモを組み合わせて回答をつくろう！ 回答のつくり方は→P.71～

Q.34 あなたの趣味は何ですか?

質問の狙い！ 受験生の好みや何かに取り組むときの姿勢を知ろうとしています。特技や資格に関しては、配属とつなげて考える可能性もあるでしょう。

趣味に没頭するあまり、学校生活がおろそかになっている印象

はい、私は将棋が趣味です。好きなことには没頭する性格なので、授業のある日も寝ないで朝まで詰め将棋を解いていたこともありました。中学のときに夢中になって、7、8年は続いていますので、そういった意味では将棋は特技ともいえます。【段を持っていますか？】段位は持ってはいませんが、段位認定の試験を受ければ、おそらく初段くらいにはなると思います。【根拠は?】いつもやっているネットゲームでも、あまり負けないので。

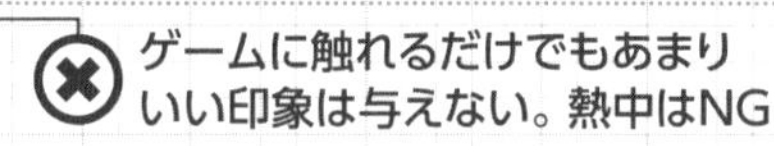

ワンポイントアドバイス

趣味に打ち込むことは悪いことではないが、この回答例では学生の本分である学業や学校生活が疎かになっており、自衛官の職務にも支障をきたすのではないかという不安を与える。個性を伝えられるエピソードを用意して、そこから学んだこと、人柄のよさ、教養の高さまでさりげなくアピールしたい。ゲームやギャンブルの話題には触れないほうがよい。

フォローアップ

発展質問 休日は何をして過ごしていますか?

狙い 問題行動を起こすような人物ではないか、確認しようとしている。

答え方 何をすることでストレスを発散できて、誰といると楽しく過ごせて、ということを自己分析して回答する。ギャンブルと答えるのはNG。

本気度が伝わる回答 ◎

はい！　私の趣味は自転車です。大学入学時に通学目的でツーリング用の自転車を購入したのですが、それをきっかけに本格的に始めました。【本格的というと?】北海道一周約2000kmに挑戦するというのを目標に、休日には自転車で近くの山に登ったり隣の県まで遠乗りしていました。【目標は達成できましたか?】はい！　大学一年の夏に挑戦したときは、あまり準備もせずに一人で行き、途中で体力もお金もなくなってリタイアしてしまいました。それがすごく悔しくて、大学で一緒に行く仲間を見つけて、一緒に体を鍛え直しました。① そして昨年、その仲間と3人でしっかりと計画を立てて再挑戦し、北海道一周を達成できました。② 仲間と協力してしっかりと準備することで、大きな目標を達成できたのは、すごくいい教訓になりました。

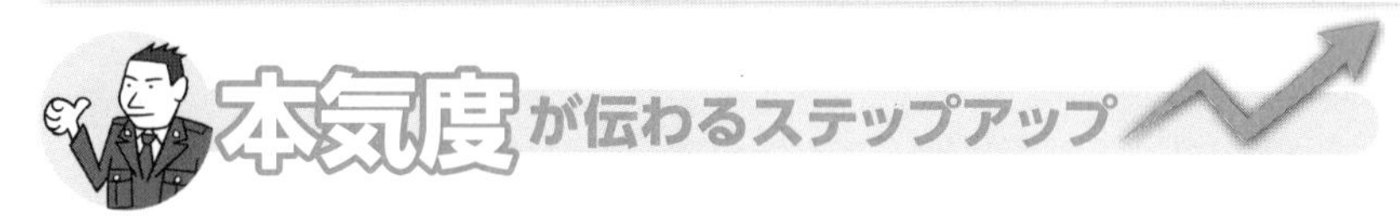

① ひたむきに物事に取り組む姿勢が見える

「北海道一周」という目標を掲げ、一度は挑戦に失敗しているが、そこからトレーニングを継続して、きちんとした計画を立てることで目標達成を果たしている。目標に向かって努力できる人間だと伝わってくる。

② チームワークを力にできる人柄であることがわかる

自分一人ではできなかったことを、仲間とともに達成したエピソードはよい印象。困難も仲間と協力することで乗り越えられる協調性があると評価される。

5W1Hでつくる自分の回答「趣味編」

		一回答メモー
WHAT	あなたの趣味・特技はなんですか?	
WHO	誰か一緒に関わった人はいますか?	
WHEN	いつからそれを始めましたか?	
WHERE	どこでそれを行いましたか?	
WHY	なぜそれを始めたのですか?	
HOW	どのくらいそれが得意なのですか?	メモを組み合わせて回答をつくろう！ 回答のつくり方は→P.71〜

Column 7

「最後に何か質問はありますか？」に対する回答

面接の最後に、面接官から「こちらに何か質問はありますか」と聞かれることは意外と多い。このとき、「別にありません」というのは、面接官に前向きな印象を与えられないので避けたいところ。事前に希望の職域などについて調べているはずだから、疑問に思ったことを整理しておき、素直に聞きたいことを質問すればよい。自分が志望する職域の仕事内容についての具体的な質問ができると、「よく調べているな」と面接官に好印象を与えられるはずだ。特に、職域で取得できる資格と、そのための準備などについての質問は、かなりハイレベルといえる。質問といっても、給与や昇進、休暇のことなど、労働条件についてしつこく聞くのは、「休みやお金のことばかり気にして仕事自体に熱意をもっていないのでは」と感じさせてしまうのでNG。

勤務を志望する職域の具体的な職務内容などについての質問は、自衛官としての意欲が高いという好印象を与えられる。

Chapter

魅力的な面接カードの書き方

面接カードは、質問項目に対して回答を記入し、面接の前に提出しておくものです。面接官はこのカードを見ながら、興味を惹かれた点や気になる点を質問してくるため、自分をアピールするきっかけにもなります。魅力的な面接カードの書き方を学びましょう。

読みやすい面接カードにする

■ 数多くのカードを読む面接官にとって読みやすいものを心がける
■ 4つの記入テクニックを念頭に読みやすい面接カードをつくる

すぐに内容を理解できる読みやすいカードを目指す

面接カードは、実際の対面を前に面接官が受験生の基本情報を得るためのツールです。このカードを土台に面接は進められるので、カードの書き方、何を書くかが重要になってきます。面接カードを書く際に忘れてはいけないのが、1日に何人もの受験生と対話する面接官はかなり疲労する、ということです。そこで分かれ道になるのが、さっと目を通すだけで要点が伝わる面接カードになっているか否かがポイントです。どう書いたら読みやすいか？　どのようにまとめたら、あなたの人柄やアピールポイントを理解してもらえるか？　カードを読む面接官の立場で考えてみることです。

ここでは、読みやすく理解しやすいカードの書き方として、以下の４つの記入テクニックを伝授します。これらの記入テクニックを身につけ、面接官が理解・納得しやすく、そして自分の思いや経験を十分に伝えられるようにしましょう。

面接カード記入のテクニック

テクニック① 結論から先に書く	テクニック③ 一文一意にする
テクニック② 具体例を使って説明する	テクニック④ 読みやすく書く

テクニック① 結論から先に書く

面接時の回答と同様に、面接カードに記入するときも設問への結論から先に書きます。志望動機欄を書く場合を具体例に、ポイントを押さえましょう。

具体例 志望動機欄を書く場合

Before

❶私は働くうえで、世の中の役に立つ仕事をしたいと思っています。地震や風水害など災害のニュースを見るたびに心が痛みます。❷私が自衛官となり、迅速な救助に貢献できるように訓練を積み、国民の生命や財産の保護に役に立ちたいと思います。

❶ 先に前置きが来ている

❶の内容は、「なぜ自衛官になりたいのか」という動機説明の前置きにすぎず、これでは回りくどく、言いたいことが伝わりにくい。

❷ 設問に対する結論が後回しになっている

結論にあたるのは❷の部分。先に前置きがあることで、肝心な「このような理由で自衛官になりたい」というメッセージが薄まってしまっている。

After

❶私が自衛官を志望する理由は、地震や土砂崩れなど、災害による被害の拡大を少しでも防ぎたいからです。私は働くうえで、世の中の役に立つ仕事をしたいと考えてきましたが、災害のニュースで被災者の方を見て心が痛み、自分が何か役に立てるのではと考えました。❷自衛官となり、訓練を積んで迅速な救助に貢献することで、少しでも国民の生命や財産の保護に役に立ちたく、自衛官を志望します。

❶ 冒頭で結論を述べている

最初に「なぜ自衛官になりたいのか」という理由を述べたことで、伝えたい内容がはっきりとした。そうすれば、面接官も質問がしやすくなる。

❷ まとめの文を最後に入れる

最後にまとめを一文で入れているので、結論がさらに強調される。冒頭で述べた内容と結論がズレないように気をつけよう。

テクニック② 具体例を使って説明する

説得力を高めるためには、具体例を使って説明することが必須です。具体例が添えられていれば、カードに書かれた内容や思いが伝わりやすくなります。自己PR欄を例に、具体例があるものとないものを見比べてみましょう。

具体例　自己PR欄を書く場合

Before

私は日頃から、何事に対しても粘り強く改善を試みることを心がけています。❶その粘り強い姿勢が私の強みです。やはり何事をなすにも、まずは粘り強く取り組むことが必要だと考えています。また、ただ粘り強いだけでは、単に我慢強いだけになってしまいます。我慢強いだけではなく、常に改善を試みてこそ、状況がよくなっていくのだと思います。自衛官になっても、粘り強く自分の課題に取り組み、常に改善を心がけることで、全体の役に立てるようになりたいです。

❶「姿勢」を説明しているだけで、具体性がない

これでは、「粘り強く改善を試みる姿勢」について説明しているだけにすぎない。面接官が知りたいのは、「粘り強く改善を試みる姿勢」と「我慢強さ」の違いではなく、その姿勢を受験生が本当に持っているかだ。具体性が伴わなければ、受験生が「粘り強く改善を試みる姿勢」が大事だと考えているとはわかっても、その姿勢で実際に仕事に取り組むかどうかは確信できない。

あなたの体験談こそが、具体例として回答案づくりの基になります。Chapter3を参考に、その体験談を必ずリストアップしておきましょう。「たいした体験談がない…」と悩んでしまう人は、「面接では使えないのでは?」と思う程度の体験談も書き出してみること。リストアップしてから、どうにかならないものかと考えていると、実は意外にも使える体験談だったと気づくことがあります。ネガティブな思い込みで、伝えるべき体験を埋もれさせてしまわないようにしてください。

After

私の強みは、何事に対しても粘り強く改善を試みる姿勢です。❶2019年10月に令和元年東日本台風が発生し、私は被災者の方たちの役に立ちたいと思い、大学の休みの期間を利用して現地でボランティア活動に参加しました。足手まといになりはしないかとも考えましたが、事前の研修と実地での指導を受け、できることからきちんとやることの大切さを学びました。取り組むうちに体力も備わってきて、最初はきついと感じた力仕事にも率先して参加できるようになりました。

一緒に活動した仲間たちとも友情が生まれ、❷何よりも被災者の方たちが少しずつ笑顔になる姿を見て、改めて社会のために役に立ちたいという思いを強くしました。今後も粘り強く改善を試みる姿勢を大切に自衛官として人のために役立てるよう努力を続けていきます。

❶ 強みが発揮された体験談を具体例に用いている

どのような不安や困難があったのか、それに対してどう向き合って乗り越えていったのかが具体的に述べられているので現実味がある。

❷ 自衛官の仕事につなげてまとめている

自衛官になりたい思いや、どのように自分の強みを仕事に活かそうと考えているのかを、記入欄の最後で伝えている。

CHECK 思いが伝わる具体例の条件

面接では、具体例が絶大な効果を発揮する。思いが伝わる具体例の条件は以下の通り。

■ 5W1Hを意識する

いつ（When）・どこで（Where）・誰が（Who）・何を（What）・なぜ（Why）・どのように（How）という6つの要素を示すことを意識して説明する。

■ 時系列に沿って書く

事実を時系列で書けば、「何が」「どうなったのか」読み手に伝わりやすい。

■ 他人の「声」を使う

体験談に他人が登場すると、そこに客観的な視点が加わるため具体例が伝わりやすくなる。「○○さんに○○と言われた」という他人の声は、証言としての威力を持つ。

テクニック③ 一文一意にする

面接カードの文章があまり長いと読みづらく、かえって伝わりにくくなります。一つの文で伝えることは一つに意味を絞り、短く簡潔にまとめるようにしましょう。それでは、自己PR欄の具体例を書く場合の例を考察します。

具体例 自己PR欄（具体例のみ）を書く場合

Before

❶最初は打ち解けてもらえず、呼びかけても返事をしてもらえませんでしたが、表情を見ながら親身に教えるようにしたところ、塾を気に入ったと保護者の方から連絡をいただき、とても安心しました。

❶ 一文に4つの意味を入れている

この例では、「打ち解けてもらえなかった」「返事もしてもらえなかった」「表情を見ながら親身になって教えるようにした」「塾を気に入ったとの反響を聞いて安心した」という4つの意味が一文で述べられている。これでは、どこに話の中心があるのか、どの点をもっとも強調したいのかが伝わらない。しかも、全体的に主語・述語が欠けていて、なおさら内容が伝わりにくくなっている。

After

❶最初は、生徒に打ち解けてもらえませんでした。呼びかけても返事をしてもらえないほどでした。❷そこで、私は生徒の表情を見ながら親身になって教えるようにしました。結果、生徒が塾を気に入ったと保護者の方から連絡をいただき、とても安心しました。

❶ 一文につき、一つの意味になっている

4つの意味（要素）ごとに、文章を一つずつに分けている。そうすることで起承転結がはっきりとし、全体として話が伝わりやすい。

❷ 時系列で説明され、主語・述語も加わっている

❷は話の転換点で、接続詞（「そこで」）が効果的に使われている。また主語と述語が入り、「誰が何をしたのか」が明確に示されているので、読み手が深く読み込むまでもなく、話の内容を把握できる。

テクニック④ 読みやすく書く

目立つことを重視して、面接カードを読みにくいものにしてしまう受験生がいます。そのような面接カードは、面接官にとっては単なる配慮の欠けたカードです。軽く目を通すだけで内容が伝わる、読みやすい書き方をすることが理想です。そのためには、以下に挙げる5つのポイントがあります。

●読みやすく書くための5つのポイント

ポイント1　余白を少し残す

ポイント2　アンダーラインを上手に使う

ポイント3　とにかく丁寧に書く

ポイント4　改行ができるようであれば、改行を上手く使う

ポイント5　いくつか挙げるときは、箇条書きにしたり、番号を振ってもよい

具体例　学生時代の一番の思い出を書く場合

×NG例　細かい文字で記入欄いっぱいに書いてある

副主将を任された大学3年次のサークル活動です。というのも、サークルの登録メンバーは50人以上いましたが、練習やイベントに参加するのは10人程度で、連帯感が薄い状態だったからです。私は何とかしてメンバーの参加意識、連帯感を高めたいと考えました。そこで、役職者と協力して、隔週でサークルのイベントを企画することにしました。また、レベルごとの練習メニューを導入することにも力を入れました。その結果、練習やイベントに参加する人数が増え、サークルの活発化に貢献することができました。

小さすぎる文字で記入欄がびっしりと埋め尽くされている。読みにくいという以前に読む気がしなくなり、むしろ逆効果になる。

○OK例　余白を残し、うまくアンダーラインを使っている

副主将を務めた大学3年次のサークル活動です。メンバーの参加意識、連帯感を高めるために、役職者と協力して、①隔週のイベントの企画と②レベルごとの練習メニュー導入に力を入れました。その結果、練習やイベントに参加する人数が増え、サークルの活発化に貢献できました。

余白を残しながら、ほどよい大きさの文字で丁寧に書かれている。また、冒頭の結論部分にアンダーラインが使われていて読みやすい。

5つのポイントすべてを兼ね備えようと意識しすぎると、かえってゴチャゴチャしてしまうこともある。見た目に“読みたくなる”バランスを心がけましょう。

自己PR欄の記入例

使命感の強さという特性について書いた例

　使命感の強さが私の強みです。大学で所属した野球部では、3年次から学生トレーナーを務めました。❶負傷選手のケアはもちろん、負傷を未然に防ぐため練習環境の整備にも配慮するのがトレーナーの務めです。❷その責務に強い使命感を持って臨み、負傷の回復が思わしくないのに無理をしようとする選手には毅然とした態度で指導にあたり、負傷の悪化を防いできました。こうした経験を活かし、自衛官としても救助活動や被害の拡大の防止に務めることを使命とし、市民の皆さんのために働きたいです。

❶ 自衛官の仕事と共通点のある具体例になっている

　他者や状況に配慮し、負傷の悪化（被害拡大）を防ぐという点で、自衛官の任務に通じる具体例を挙げており、説得力が高まっている。実際のケア内容については、伝えるべきこととズレるので細かく説明する必要はない。

❷ 特性を活かし、実際に行動した内容を簡潔に述べている

　実際に取った行動の内容や、その行動を起こす原動力となった気持ちが「使命感の強さ」という特性のアピールに重なり、うまくつながっている。

困難だったことには、どのように対処しましたか？

　「いつ」「何をして」「誰が」「どうなったか」を具体的に答えよう。たとえば、「はい、負傷の状態がよくならないうちにきつい練習をする選手がいたので、説得するのが大変でした。無理することが負傷悪化や別の箇所に負担をかけることにもつながり、復調を遅らせる危険性を説き、慎重に復帰を目指すように諭し、別メニューで組んだ練習にも付き合いました。結果、その選手が負傷前の能力を取り戻す手助けができたので、周囲からも信頼を得られました」など。

複数の特性をアピールした例（社会人の場合）

私が自衛官の任務に活かせると考える強みは2つあります。❶ 1つ目は、緊迫した場面でも冷静でいられることです。この強みを活かすことで、意見の衝突で感情的になった議論を軌道修正する役割を現在の職場で何度も果たしてきました。もう1つが、体力に自信のあることです。小学生の頃に剣道を始めて中学と高校では剣道部に所属し、❷ 現在も町道場で週2回の稽古に参加しつつ、個人的にも毎朝500回の素振りなど自主練習を欠かさず、市民大会や道場対抗戦などにも出場しています。この強みを自衛官の任務に活かし、災害から市民の方々の命と財産を守る役に立ちたいです。

ココがGOOD!

❶ アピールのバランスが取れている

冷静で客観的であることは、災害などでパニックに陥っている人を前にしても、自衛官として適切な行動を取れそうな印象を与える。また、体力に自信があることも伝え、頭でっかちでないことをアピールしている。

❷ 過去の体験だけでなく、現在の行動も記している

「毎朝500回の素振り」など実行中のことが添えられていて説得力が高い。「日頃から運動しています」といった曖昧な記述が多くならないように気を付けよう。

どのように感情的になった議論を軌道修正しましたか？

どのような局面で、どのように対処したのかを具体的に伝えること。たとえば、「はい、私は宣伝部に所属していましたが、あるとき新商品のPR方法をめぐって部署内で2つの案が対立して、どちらも譲りませんでした。その際、私が双方の相違点と共通点を把握して、着地点を見つけました」など。対立の原因がどこにあったのかについても触れると、さらに信憑性と説得力が増す。

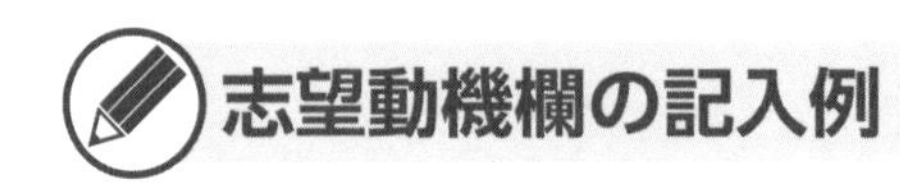

ボランティア活動を通じて興味を持った例

国民の命や財産を災害から守りたく志望します。小学生の頃、近くの山村が土砂崩れで道路が封鎖されたことがあります。残された住民をヘリコプターで救出し、私の小学校が避難所になっていたので、自衛官の方たちの姿を目撃し、社会のために尽くす仕事に興味を覚えました。❶ 高校生になると災害現場でボランティア活動を行って現実を学びました。私自身も避難場所、緊急連絡先の確認など、家族と防災対策をしています。

自分の将来を真剣に考えた結果、私は卒業したら自衛官になり、❷ 生まれ育った日本に住む人の命と財産を災害から守りたいと考え志望します。

❶ 具体例の内容が自衛官の使命・職務に沿っている

具体例を述べていることで、日頃から自衛官の使命や職務に適した行動を取っていることがわかる。頭で考えるだけでなく、実際に行っていること（避難場所、緊急連絡先の確認）にも触れているので説得力が増す。

❷ 受験先を選んだ理由にも触れている

冒頭の「国民の命や財産を災害から守りたく志望します」という理由に加え、「生まれ育った日本に住む人の～」とまとめていることで、受験先を決めた理由も明確になっている。

「自分の将来」を具体的にどのように考えましたか？

ストレートに回答すること。ただし、自衛官のみを志望していることを伝えよう。たとえば、「はい、実は自分の進むべき道を決めかねていたので、民間企業への就職も現実的な可能性として考えてみました。ただ、民間企業の説明会に参加すればするほど、私が就きたいのは公に供する仕事であり、その中でも特に自衛官になりたいという希望が明確になり、その気持ちが日増しに強くなっていったため、自衛官一本で志望しようと固く決心しました」など。

災害現場に遭遇した体験を使った例

　災害による被害の拡大を防ぎたく志望します。
自衛官になることは長年の夢でした。幼い頃、近所に住む小学校の同級生の家が地震で崩れる事故が起きました。友達が心配で恐る恐る様子を見に行ったところ、自衛隊の方たちが手際よく救助活動を進め、逃げ遅れていたおじいさんも救助されて友達の家族全員が無事でした。助かったことを喜び合う友達一家の姿を見ていたら、感動が伝わって私も気づかぬうちに涙を流していました。
　そして、友達の家族全員が無事だった安心と同時に、❶国の命を守る自衛官の任務の素晴らしさ、救助活動にあたる自衛官の方たちの勇気や責任感に強く胸を打たれました。それ以来ずっと、自衛官になることが私の夢であり、生まれ育ったこの国で任務に就きたく志望します。

ココがGOOD!

❶ 志望の決め手がわかりやすい

　自衛官を志望するようになった理由が具体的に述べられていて、熱意が伝わりやすい。目撃談ではなく、周囲から聞いた話でもかまわない。たとえば、「親戚の家が大雪で埋まってしまったが駆け付けた自衛隊が迅速に雪を除き、一家全員を無事に救出した。被害を最小限に防いでくれたことに感謝していると叔母から繰り返し聞かされた。それがきっかけで自衛官という仕事を意識するようになった」といった内容でもOK。

自衛官の仕事に憧れる気持ちが強すぎるのでは?

　憧れだけではなく、自衛官を真剣に志望していることを伝えよう。たとえば、「はい、決して甘い気持ちで憧れているわけではありません。自衛官の任務は、国民の安全や領土を守る重大なものであり、そのためには自分の身が危険にさらされることもあると認識しています。そのうえで自衛官を強く志望します」など。

部活動・サークル活動欄の記入例

運動部に所属していた場合の例

中学、高校と陸上部でトラック競技に汗を流しました。❶個人種目でも努力しましたが、リレーなど団体種目に出場するときはさらに力が入りました。プレッシャーも感じましたが、よい経験になりました。

文化部に所属していた場合の例

高校で吹奏楽部に所属していました。初心者での入部だったので不安でしたが、❷先輩や経験者の同期生たちから親身にアドバイスを受けて溶け込めました。私自身も後輩には親身に接するように心がけました。

ココがGOOD!

❶ チームに対する責任感が伝わる

個人種目以上に団体種目でプレッシャーを感じたという体験から責任感の強さが伝わる。個人種目に専念していた場合でも、「同じ種目の選手同士でフォームをチェックし合った」など協調性を伝える体験談を入れたい。

❷ 周囲への感謝と配慮が伝わる

親身にアドバイスを受けたので初心者でも溶け込めたと周囲への感謝の念を表している。経験を踏まえ、親切を受けた分、他人にも親切にしようという素直な気持ちが伝わる。

こんな質問に備えよう!

大学でも陸上を続けようと思わなかったのですか？

「もう記録が伸びないと感じた」「単位取得と両立させるのが難しいと思った」といった後ろ向きな理由は避けよう。「高校まで思いきり打ち込むことができ、一定の満足感を覚えた。走ることは趣味として続け、大学では新たなことにチャレンジして視野を広げたいと考えた」など、前向きな理由が望ましい。

文化系サークルに所属していた場合の例

映画同好会に所属していました。❶メンバーで役割分担して協力し合って自主作品を創り上げ、その過程で苦心したこともよい思い出です。

スポーツ系サークルに所属していた場合の例

大学でテニスサークルに所属していました。❷高校まで運動部に入ったことがなかったので、楽しんで続けられそうなサークルを選び、体を動かすことが好きになりました。

ココがGOOD!

❶ 仲間たちと共同作品を創る過程を思い出に挙げている

メンバー同士で協力し合い、苦心しつつも一つの作品を完成させた充実感が伝わる。これが「学園祭で上映されたことが思い出」では、単に日の目を見たからよしとしようという結果オーライな印象を与えかねないから注意。

❷ サークルを選んだ理由と目標、結果がつながっている

「高校まで運動部に入ったことがなかった」という理由、「楽しんで続けたい」という目標、「体を動かすことが好きになった」という結果が一体につながり、自分が思い描いたとおりに実行できたことを示していてよい。

せっかく好きになったことを、これからも続けたいですか？

就労後も趣味として続けたいならば、「体を動かすことは健康の維持や体力強化につながり、仕事するうえでも活きると思うので、余暇を活用して続けていきたいです。時間が空いたときに行けるジム通いも考えています」など、仕事に支障をきたさない範囲で現実的に考えていることを示すとよい。

専門学科・ゼミナール欄の記入例

「選考とその選定理由」の記入項目の例

経済学専攻　大学受験当時は経済を学ぶことが就職に有利と考えていました。❶ しかし、在学中に自衛官として国防の一翼を担いたい気持ちが強くなりました。

「卒論テーマまたは所属ゼミの研究テーマ」の記入項目の例

所属ゼミの研究テーマ：災害対策（環境問題に強い関心があり、このゼミを志望しました。❷ 災害が及ぼす生活への影響について学ぶ中で、緊急時の被害についても詳しく触れる機会があり、そうした人たちを直接助けたいという思いが強くなって自衛官を志望。）

❶❷ 自衛官志望につなげている

どちらの例も最終的に自衛官志望につながっている。

また、❷の例は災害の影響について学び、自衛隊の活動に触れたことを示しているが、たとえ学んだテーマが自衛官の職務とは関係性の薄いものだったとしても、自衛官を志望する理由を明記することによって、プラスの印象を与えることができる。何よりも大切なのは、現在は自衛官の仕事に興味が強いことを伝えることだ。

こんな質問に備えよう!

その研究テーマを完成させるうえで、困難だったことは？

素直に「困難だったこと」を伝え、「工夫したこと」などは補足的に答えればいい。たとえば、「災害問題は結論から分析をするだけではなく、フィールドワークで行政の担当者や住民の方への聞き取りなどが必要になりますが、口の重い方もいて、話を聞き出すのが困難なときもありました。こちらの質問の仕方についても考えさせられ、知らない方との対話という点で社会勉強にもなりました」など。

「好きな学科とその理由」の記入項目の例

大学生の場合

好きな学科：社会学、文化人類学

その理由：グローバル化社会において ❶ 多文化共生について学ぶ必要を感じ、また興味深かったため。

高校生の場合

好きな学科：日本史

その理由：日本史の中でも、戦国時代が好きです。❷ 個性豊かな武将が多く登場するため、新しいことを知るたびに興味が湧いてきます。

❶❷ 自分の興味のある学科を素直に記入している

興味や目的意識を持って学んだことが述べられていて、面接用につくられた理由でないことが伝わる。自衛官の仕事に直結する学科が思いあたらなければ、強引につなげるよりも、ここは力を入れて学んだ学科について素直に記せばよい。なお、社会人は直近の学生時代の学業について書くこと。

何を目標にしていましたか？

大学生の場合、たとえば「多文化共生社会の現実を理解するために、カナダの多文化主義について学ぶことを目標としていました。多文化共生を学ぶうえで、二言語二文化で構成されるカナダの歴史を理解することが重要と考えたからです」など、自分で決めた目標を伝えよう。高校生の場合、たとえば「戦国時代の次は幕末というように、興味が広がりました。現代に至るところまでひと通り精通するのが目的です」など、興味が継続していることを伝えよう。

関心事・気になったニュース欄の記入例

国際事件を使った例

中国軍の戦闘機が、東シナ海の公海上空で自衛隊機に異常接近した事件です。衝突事故や戦闘の危機を招きかねない事件で、事件後の対応についても中国の態度には非常に憤りを感じました。❶こうした威嚇行為に対しても、事故や不測の事態にしないよう冷静に対処している日本の自衛隊や海保は立派だと思います。

自然災害を扱った例

A県B市で発生した大規模な土砂災害です。多くの方が犠牲になり、また家屋が倒壊するなど、惨状をニュース映像で見て胸が痛みました。それと同時に、自衛官の使命の重大さを改めて認識しました。自然災害の発生を防止するのは困難でしょうが、❷災害発生時に救助活動や二次災害の防止にあたり、被害の拡大を防ぐことは自衛官の重要な任務の一つと考えます。災害時には強い責任感をもって任務にあたりたいです。

ココがGOOD!

❶❷ 自衛隊の職務を真剣に考えていることが伝わる

ニュースに対する怒りだけでなく、事例に対する取り組みにつなげている。「自衛官になることを真剣に考えている」と伝わる。

こんな質問に備えよう!

具体的には、どのように職務に取り組んでいきたいですか?

どのような取り組みに力を入れたいかを伝える。たとえば、「大規模災害時に、被災地で危険な状況に面している方々を救助したり、被害を最小限に抑えるための作業を行うなど、直接困っている人の助けになるような活動に携わりたいです」など。

少子高齢化の話題を扱った例

少子高齢化について関心があります。少子高齢化が進む中、さまざまな問題が今後懸念されます。一つに介護の問題があります。高齢者の人数は圧倒的に多くなり、さらに介護に従事する人の数も減れば、高齢者のケアが行き届かなくなり、介護の現場も激化していきます。❶ 汎用性の高い安価な介護ロボの開発・導入など、どのようにその問題を解決していかなければならないか、行政は方法を見出さなくてはなりません。そういう新しい解決方法などを提案できるように、経験や知識を蓄えていきたいです。

インターネット問題を扱った例

インターネットによる、個人情報流出問題です。SNSでは個人情報を入力しなければ登録できないものもあります。個人情報がたくさんの人の目に触れているという意識が低い場合は、仲間内だけで楽しむだけの写真などを悪用されているということにも気が回らずに、その行為を続けてしまいます。❷ 行政もネット上の危険性をもっと指導する仕組みをつくっていく必要性があり、特に子どもや高齢者にもわかりやすい説明が必要になります。そういった指導ができるよう、私ももっと知識を備えていきたいです。

❶❷ 問題解決をしていこうとする意欲がうかがえる

自分の関心のあることを自衛官の役割につなげて考えていることが伝わる。関心事がどう問題なのかを挙げ、どう対処していくかも伝えることで、公務員に対する意欲が見えてくる。

こんな質問に備えよう!

具体的には、どのような対策が必要になると思いますか?

立派な回答でなくてもいいので、問題点とそれをどうすれば解決できるのか、ということをつじつまが合うように説明する。たとえば、「学校での携帯電話使用方法の授業を行うようにし、便利な反面の危険性を徹底的に指導していく」など。

趣味・特技欄の記入例

好きな音楽について書いた例

趣味 ギターを弾くことです。中学時代に兄から習いました。❶気分転換したいときに、部屋で弾いています。あくまで趣味のレベルですが、好きなアーティストの曲のほかに、自分で作曲した曲を弾いています。

スポーツ観戦について書いた例

趣味 甲子園大会や、箱根駅伝の観戦です。❷どちらも毎年欠かさずに観ています。特に高校野球で❸ミスをした選手を周囲が励まし、試合後に敵味方関係なく健闘を讃え合うシーンには感動します。

ココがGOOD!

❶❷ どのように好きなのかが具体的になっている

「気分転換のとき」「毎年欠かさず」など、趣味に親しんでいるかが明確にされている。記入欄にスペースがあれば、もっと具体的に(「2年に1度は甲子園へ足を運ぶ」など)示してもよい。

❸ 前向きで健全な人柄が伝わる

さわやかなシーンを観て感動したいという思いが伝わり、前向きで健全な人柄が伝わる。後ろ向きな印象を与える意見や、偏見を持たれがちなジャンルに触れるのは避けること。

こんな質問に備えよう!

ギター以外のほかの趣味は何ですか?

ほかの趣味を問うのは、体を動かすことに抵抗がないかを知りたいためなので、体を動かす趣味や習慣についても伝えること。たとえば、「ほかの趣味としては読書とジョギングがあります。読書は人物評伝ものが中心です。ジョギングは、受験期間中の運動不足解消の目的もあって続けてきました」などと答えよう。

芸術について書いた例

特技　油絵です。❶ 大学入学直後に入った絵画サークルで描き方を学びました。卒業記念にと友人たちから肖像画を頼まれて、すでに何枚か描き上げました。

スポーツについて書いた例（社会人の場合）

特技 長距離走です。❷ 一昨年、昨年と湘南国際マラソンに出場しました。昨年のタイムは3時間35分で、フルマラソン初挑戦だった一昨年よりはタイムを縮めることができました。

❶ 始めた時期や期間から実力や経験値を推察できる

「大学入学直後」とはじめた時期を示し、また何人かの友人から卒業記念に肖像画を頼まれていることからも現在までの上達度がイメージしやすい。これを単に「特技は油絵を描くことです」とだけ記したのではもったいない。ただし、スペースがなければ、無理に細々と書く必要はない。

❷ 最近の体験を書くことでいまの実力がわかる

最近の体験を書けば、どの程度の実力を持っているかがわかる。この例では、2年連続でフルマラソンを完走したことを具体的に述べているので、体力があることも伝わりやすい。特に優れた記録を持っていなくてもOK。

こんな質問に備えよう!

絵を描いているということですが、入賞経験はありますか？

「近隣の大学が合同で開くコンクールで、1度だけ佳作に選ばれました」などと、飾らずに答えればよい。入賞経験がなかったとしても、取りつくろう必要はない。さらに「いくつものコンクールに応募したのか?」「もっと上の賞を目指さなかったのか?」などと聞かれる場合もあるが、誠意を持って事実を伝える。

Column 8

面接カードチェックリスト

● 面接カードが読みやすくなっているかチェックしよう！

面接カードを仕上げるための15の項目

- □ 誤字・脱字がないか？
- □ 一文は長くても50文字以内になっているか？
- □ 長文の場合、一文一意になっているか？
- □ 字が汚くても、とにかく丁寧に書いているか？
- □ 字が小さすぎたり、大きすぎたりしていないか？
- □ 記入欄に適度な余白があるか？
- □ 記入欄の枠を越えていないか？
- □ 「です」「ます」調で統一しているか？
- □ 具体例をフル活用しているか？
- □ 結論部分にアンダーラインを引くなど、わかりやすくしているか？
- □ 「〜です」「〜しました」など、語尾が単調にならないようにしているか？
- □ 誰かに一度読んでもらって意見をもらったか？
- □ マイナス思考なことは書いていないか？
- □ ウソは書いていないか？
- □ コピー（複写）しているか？

※ すべての項目をチェックできるまできちんと整えましょう。

面接当日に記入する場合も、以上の15のチェック項目を思い出し、提出する前にチェック。面接官が読みやすい面接カードに整えることを念頭に置いて、あせらず丁寧に記入しましょう。

Chapter

自己分析質問集・よく出る過去質問集

過去に自衛官採用試験の面接試験にて実際に出された質問をまとめた、面接練習などに役立つ質問集となっています。自己分析や志望動機がまとまったあとで、それぞれの質問に答えてみましょう。

自己分析質問集

ここでは自己分析に役立つ質問集を掲載しています。面接質問に対する回答づくりに困ったら、これらの質問に答えることで自分の意見やエピソードを掘り下げましょう。

性格・特技に関する質問

1. あなたがいま、夢中になっていることは何ですか？
2. それに夢中になっている理由は何ですか？
3. そこから得たものは何ですか？
4. 具体的なエピソードを書き出してください
5. 「それだけはやめてくれ」と言われても、やめられないことは何ですか？
6. それをやめられない理由は何ですか？
7. あなたが好きな座右の銘は何ですか？
8. その座右の銘を聞くとどんな気持ちになりますか？
9. あなたが真似をしたい人は誰ですか？
10. どうしてその人のことを真似したいのですか？
11. 何か資格を持っていますか？
12. なぜその資格を取ろうと思ったのですか？
13. その資格からアピールできることは何ですか？
14. これだけはほかの人に負けないことは何ですか？
15. 具体的なエピソードは何ですか？
16. コンプレックスはありますか？
17. それを克服するためにどんな努力をしていますか？
18. これをやらなければ死ねないということはありますか？
19. それはなぜですか？
20. 何をすればそれが実現できると思いますか？

自分史に関する質問

21. 人生で一番大きな失敗をしたことは何ですか？

㉒ なぜ失敗したのか、理由を書き出してください。
㉓ あなたはどのようにその失敗を乗り越えましたか？
㉔ あなたは何をその失敗から学びましたか？
㉕ あなたが通う学校はどんな学校ですか？
㉖ なぜその学校に入学しようと思ったのですか？
㉗ 学校生活で一番つらかったことは何ですか？
㉘ それに対してどのように対処しましたか？
㉙ 何をそこから学びましたか？
㉚ 何のサークルや部活動に所属していますか？
㉛ なぜ所属しようと思ったのですか？
㉜ サークルや部活動で一番大変だった経験は何ですか？
㉝ それを乗り越えるためにどんな取り組みをしましたか？
㉞ そこから学んだことは何ですか？
㉟ アルバイトの経験はありますか？
㊱ どんなアルバイトですか？
㊲ なぜそのアルバイトをしようと思ったのですか？
㊳ アルバイトで一番苦労したことは何ですか？
㊴ それを乗り越えるためにしたことは何ですか？
㊵ その経験から何を学びましたか？
㊶ あなたはボランティア経験がありますか？
㊷ どんなボランティアですか？
㊸ そこで一番大変だったことは何ですか？
㊹ それを乗り越えるために工夫したことは何ですか？
㊺ その経験から学んだことは何ですか？

志望先に関する質問

㊻ 民間企業ではなくて自衛官を選ぶ理由は？
㊼ 自分のどこが自衛官に向いていると思いますか？
㊽ なぜ自衛官を選ぶのですか？

㊾ あなたの性格のどこが自衛官に向いていますか？

㊿ なぜ自衛官のその職種を志望するのですか？

51 あなたの性格のどこがその職種に向いていますか？

52 その職種を志望するようになったきっかけは何ですか？

53 自衛官になってからやりたいことは何ですか？

54 自衛官のどのようなところがかっこよく見えましたか？

55「自分もこうなりたい」と思えるような自衛官はいますか？

56 仕事をするうえでのあなたの夢は何ですか？

57 あなたのやりたいことを一言で表すと何ですか？

58 あなたを採用することで得られるメリットは何ですか？

59 希望先の先輩のインタビューなどは読みましたか？

60 そこからどんなビジョンが読み取れますか？

よく出る過去質問集

過去に質問されることの多かった面接質問をまとめています。これらの面接質問に答える練習を重ね、本番に備えましょう。回答づくりに困ったら、本書Chapter3を参考にするか、P.182の自己分析質問集を活用しましょう。

❶ 氏名・生年月日を言ってください。

❷ 志願票の内容について確認します。

❸ 自衛官になりたいと思った理由は何ですか?

❹ いつから自衛官になりたいと思うようになりましたか?

❺ 自衛隊のどんなところに魅力を感じますか?

❻ 入隊後、どのようなことをしたいと思いますか?

❼ 自衛官になって、何ができると思いますか?

❽ 要員（陸・海・空）を選んだ理由は何ですか?

❾ 希望の要員以外でも入隊しますか?

❿ ほかの種目（自衛隊候補生・一般曹候補生など）は受験しましたか?

⓫ 過去に自衛隊を受験したことはありますか?

⓬ 自衛官に必要なものを3つ挙げてください。

⑬ 10年後のあなたはどうなっていると思いますか?

⑭ 自衛隊のみを受験されているようですが、不合格の場合どうしますか?

⑮ 消防や一般企業と併願しているようですが、すべて合格したらどうしますか?

⑯ 企業等を含めた就職の志望順位を教えてください。

⑰ 自衛官として、どのくらいの年数勤務する考えですか?

⑱ 希望の勤務地はありますか?

⑲ 希望の職種や勤務地に行けなかった場合、どうしますか?

⑳ 自衛官を受験したことについて、家族の方はどのように考えていますか?

㉑ 普段、両親とどのような話をしますか?

㉒ 現在、交際している女性（男性）はいますか?

㉓ あなたの交際相手は、自衛官を受験することをどう考えていますか?

㉔ あなたの長所、または特技を教えてください。

㉕ あなたの短所を教えてください。

㉖ あなたは友だちから、どんな人と言われますか?

㉗ 親友の人数を教えてください。

㉘ どんな部活動（サークル）に所属していますか?

㉙ 休日は何をして過ごしていますか?

㉚ いつも何時に起きますか?

㉛ 今日はどのようにして、ここまで来ましたか?

㉜ 控室ではどのようなことを考えていましたか?

㉝ 今までで一番困難だったことは何ですか?

㉞ 今までで一番がんばったことは何ですか?

㉟ 学校生活で得たことで自衛官になって活かせることはありますか?

㊱ 自衛隊では集団生活が中心ですが、集団生活についてはどう思いますか?

㊲ 髪を短くすることに抵抗はありますか?

㊳ 最近のニュースや新聞記事で興味を持ったものはありますか?

㊴ 普段両親とどのような話をしますか?

㊵ 興味を持ったニュースについて感想を聞かせてください。

㊶ 合格したら入隊しますか?

問い合わせ先一覧（自衛隊　地方協力本部）

2020年5月現在

▶問い合わせや相談は各地の「地方協力本部」へ

自衛隊では、北海道に4つ、その他の各都府県庁所在地にそれぞれ1つ、計50カ所に「地方協力本部」と呼ばれる入隊募集・広報活動の窓口機関を設置している。ここでは、入隊希望者に対する説明会や部隊見学、個別質問への対応、パンフレット類の配布などを行っているので、情報収集はまずここから始めよう。

▲静岡地方協力本部の特別PR用員、しずぽん。

陸上自衛隊北部方面隊管轄（北海道防衛局管内）

	☎電話番号	住所
札幌地方協力本部	011-631-5471～2	〒060-0004 札幌市中央区北四条西15丁目1
函館地方協力本部	0138-53-6241	〒042-0934 函館市広野町6番25号
旭川地方協力本部	0166-51-6055・6060	〒070-0902 旭川市春光町国有無番地
帯広地方協力本部	0155-23-2485・5882	〒080-0024 帯広市西14条南14丁目4

陸上自衛隊東北方面隊管轄　（東北防衛局管内）

	☎電話番号	住所
青森地方協力本部	017-776-1594	〒030-0861 青森市長島1丁目3-5 青森第2地方合同庁舎2F
岩手地方協力本部	019-623-3236〜8	〒020-0021 盛岡市中央通3丁目4番11号
宮城地方協力本部	022-295-2611〜3	〒983-0842 仙台市宮城野区五輪1丁目 3-15 仙台第3合同庁舎1F
秋田地方協力本部	018-823-5404〜5	〒010-0951 秋田市山王4丁目3番34号
山形地方協力本部	023-622-0711〜2	〒990-0041 山形市緑町1-5-48
福島地方協力本部	024-546-1919〜21	〒960-8162 福島市南町86

陸上自衛隊東部方面隊管轄　（北関東防衛局・南関東防衛局管内）

	☎電話番号	住所
茨城地方協力本部	029-231-3315〜7	〒310-0011 水戸市三の丸3丁目11番9号
栃木地方協力本部	028-634-3385〜7	〒320-0043 宇都宮市桜5丁目1-13 宇都宮地方合同庁舎2F
群馬地方協力本部	027-221-4471〜3	〒371-0805 前橋市南町3丁目64-12
埼玉地方協力本部	048-831-6043〜5	〒330-0061 さいたま市浦和区常盤4丁目 11-15 浦和合同庁舎3F

千葉地方協力本部	043-251-7151～4	〒263-0021 千葉市稲毛区轟町1丁目 1番17号
東京地方協力本部	03-3269-3513	〒160-8850 東京都新宿区市谷本村町10-1
神奈川地方協力本部	045-662-9426	〒231-0023 横浜市中区山下町253-2
新潟地方協力本部	025-285-0515	〒950-8627 新潟市中央区美咲町1丁目1-1 新潟美咲合同庁舎1号館7F
山梨地方協力本部	055-253-1591	〒400-0031 甲府市丸の内1-1-18 甲府合同庁舎2階
長野地方協力本部	026-233-2108～9	〒380-0846 長野市旭町1108 長野第2合同庁舎1F
静岡地方協力本部	054-261-3151～3	〒420-0821 静岡市葵区柚木366番地

陸上自衛隊中部方面隊管轄　(近畿中部防衛局・中国四国防衛局管内)

	☎電話番号	住所
富山地方協力本部	076-441-3271	〒930-0856 富山市牛島新町6丁目24番
石川地方協力本部	076-291-6250	〒921-8506 金沢市新神田4丁目3-10 金沢新神田合同庁舎3F
福井地方協力本部	0776-23-1910	〒910-0019 福井市春山1丁目1－54 福井春山合同庁舎10F
岐阜地方協力本部	058-232-3127～8	〒502-0817 岐阜市長良福光2675-3

愛知地方協力本部	052-331-6266～9	〒454-0003 名古屋市中川区松重町3-41
三重地方協力本部	059-225-0531	〒514-0003 津市桜橋1丁目91
滋賀地方協力本部	077-524-6446	〒520-0044 大津市京町3丁目1番1号 大澤びわ湖合同庁舎5F
京都地方協力本部	075-803-0820～1	〒604-8482 京都市中京区西ノ京笠殿町38 京都地方合同庁舎3F
大阪地方協力本部	06-6942-0541～4	〒540-0008 大阪市中央区大手前4-1-67 大阪合同庁舎第2号館3F
兵庫地方協力本部	078-261-9777～9	〒651-0073 神戸市中央区脇浜海岸通1-4-3 神戸防災合同庁舎4F
奈良地方協力本部	0742-23-7001～2	〒630-8301 奈良市高畑町552 奈良第2地方合同庁舎内
和歌山地方協力本部	073-422-5116	〒640-8287 和歌山市築港1丁目14番6号
鳥取地方協力本部	0857-23-2251～2	〒680-0845 鳥取市富安2-89-4 鳥取第1地方合同庁舎6F
島根地方協力本部	0852-21-0015	〒690-0841 松江市向島町134-10 松江地方合同庁舎4F
岡山地方協力本部	086-226-0362	〒700-8517 岡山市北区下石井1-4-1 岡山第2合同庁舎2F
広島地方協力本部	082-221-2957	〒730-0012 広島市中区上八丁堀6-30 広島合同庁舎4号館6F
山口地方協力本部	083-922-2325	〒753-0092 山口市八幡馬場814
徳島地方協力本部	088-623-2220	〒770-0941 徳島市万代町3-5 徳島第2地方合同庁舎5F

香川地方協力本部	087-831-0231～2	〒760-0062 高松市塩上町3丁目11-5
愛媛地方協力本部	089-941-8381～2	〒790-0003 松山市三番町8-352-1
高知地方協力本部	088-822-6128	〒780-0061 高知市栄田町2-2-10 高地よさこい咲都合同庁舎8F

陸上自衛隊西部方面隊管轄（九州防衛局・沖縄防衛局管内）

	☎電話番号	住所
福岡地方協力本部	092-584-1881	〒812-0878 福岡市博多区竹丘町1丁目12番
佐賀地方協力本部	0952-24-2291～3	〒840-0047 佐賀市与賀町2番18号
長崎地方協力本部	095-826-8844～6	〒850-0862 長崎市出島町2-25 防衛省合同庁舎2F
大分地方協力本部	097-536-6271～2	〒870-0016 大分市新川町2丁目1番36号 大分合同庁舎内5F
熊本地方協力本部	096-297-2050	〒860-0047 熊本市西区春日2丁目10番1号 熊本地方合同庁舎B棟3階
宮崎地方協力本部	0985-53-2643～5	〒880-0901 宮崎市東大淀2丁目1-39
鹿児島地方協力本部	099-253-8920	〒890-8541 鹿児島市東郡元町4番1号 鹿児島第2地方合同庁舎1F
沖縄地方協力本部	098-866-5457～8	〒900-0016 那覇市前島3丁目24-3-1

おわりに

自衛官になった数多くの卒業生の中で、シグマに一番身近な存在は氏家くんでしょう。現在彼は静岡地方協力本部の副所長にして、主任広報官の職に就いています。今まで氏家くんは、国防・国際貢献・災害派遣という自衛隊の3つの柱となる業務すべてを経験してきました。3つ全部を経験してるのは、自衛官の中でも珍しんじゃないかな。まさに水を得た魚だなと思います。

自衛官が天職のように見える氏家くんも、最初は自衛隊志望じゃなかったところが面白いんですよね。漠然と公務員になりたいと思っていただけで、何か所か最終合格をもらった後で情報を集め、熟慮の上で最終的に航空自衛隊に進路を決めたんです。そんな氏家くんはいつも広報官（というよりはむしろシグマの先輩）として、現役シグマ生たちに「たくさん受験して、合格した後で情報を集めて、じっくり進路を決めるのがいいよ」とアドバイスしています。

自分の在り様が気に入らないのか、本当の人生はまだ始まっていない、なんて言ってる人がいます。でもねえ、本当はすでにあなたの人生始まってるでしょ？　出発点はまず今の自分を受け入れることだと思うんですよね。この世で一番大事なことのひとつに、自分を肯定的に見ることがあります。自分を肯定できなければ、他人を肯定することもできません。不平不満ばかりが募って一歩も先に進めないのもうなずけます。自分を生かすもっとすごい道がたくさんあるにもかかわらず貴重な人生の時間がどんどん流れて行ってしまうのはもったいない話です。

氏家くんの体験談の中で一番好きなのは、彼がＰＫＯ活動に参加したときの話です。そこはイスラエルとシリアの緩衝地帯。地雷で足を吹き飛ばされてしまった義足の子供たちの姿が、普通に日常の風景の中に存在する場所なのです。彼はそんな子供たちを集めて、（日本から持参したサッカーボールで）毎日サッカーをしていたそうです。子供の頃に日本からやってきた自衛官のお兄さんとピカピカのサッカーボールでサッカーやったな、と長じてから思い出している中東の人がいるかと思うとなんだか楽しくなります。本当に大変なことをやってる人って、他人に対して優しい気がします。

大げさな話じゃなくて、自分を肯定できるってことが世界平和につながるんだと思いますよ。この本を最大限活用して、あなたが自衛官として国防・国際貢献・災害派遣において活躍できる日がくることを心より祈っています。

この本を編むにあたって、つちや書店の佐藤さんには大変お世話になりました。ありがとうございます。

静岡県浜松市中区旭町、JR浜松駅前にある
小さな公務員予備校シグマ・ライセンス・スクール浜松にて。

鈴木　俊士

8
自己分析質問集・よく出る過去質問集

■ 監修

鈴木 俊士（スズキ シュンジ）

シグマ・ライセンス・スクール浜松校長

大学を卒業後、西武百貨店に就職。その後は地元浜松にて公務員受験専門の予備校「シグマ・ライセンス・スクール浜松」を開校。定員20名の少人数制予備校であるにもかかわらず、25年間でのべ2200人以上を合格に導く。築き上げたノウハウと実績を基にオーディオブックなどの教材も手掛けており、日本全国の公務員を目指す受験生のために精力的な活動を続けている。主な著書に『公務員採用試験 面接試験攻略法』『マンガでわかる警察官になるための専門常識』『消防官採用試験 面接試験攻略法』（いずれも監修 つちや書店）、『9割受かる! 公務員試験「作文・小論文」の勉強法』『9割受かる鈴木俊士の公務員試験面接の完全攻略法』（いずれもKADOKAWA）など多数。

<シグマ・ライセンス・スクール浜松HP>
http://www.sigma-hamamatsu.com/

■ STAFF

本文デザイン	山田素子、北 和代（スタジオダンク） 下里竜司
イラスト	わたなべじゅんじ
編集協力	スタジオポルト 編集室アルパカ

面接指導のカリスマが教える!

自衛官採用試験 面接試験攻略法

監修	鈴木　俊士
発行者	佐藤　秀
発行所	株式会社つちや書店 〒113-0023 東京都文京区向丘1-8-13 TEL 03-3816-2071 FAX 03-3816-2072 E-mail　info@tsuchiyashoten.co.jp
印刷・製本	日経印刷株式会社

2006-1-1